U0391125

看世界

王喜民
Go to the Caribbean

著

去加勒比海

/ Go to the Caribbean

加勒比海——地球背面**最大**的内海。
令人窒息的地球绝美的**海岛风光**！
让您折服于万千诡异的**海岛世界**！
去追寻海盗的踪迹、土著人的**印痕**……

当代世界出版社

图书在版编目（CIP）数据

去加勒比海 / 王喜民著. -- 北京 ： 当代世界出版
社，2016.8

ISBN 978-7-5090-1125-6

Ⅰ. ①去… Ⅱ. ①王… Ⅲ. ①加勒比海－群岛－介绍
Ⅳ. ①P725.8

中国版本图书馆CIP数据核字(2016)第157732号

去加勒比海

作　　者：	王喜民
出版发行：	当代世界出版社
地　　址：	北京市复兴路4号（100860）
网　　址：	http://www.worldpress.org.cn
编务电话：	（010）83908456
发行电话：	（010）83908409
	（010）83908377
	（010）83908423（邮购）
	（010）83908410（传真）
经　　销：	新华书店
印　　刷：	北京华联印刷有限公司
开　　本：	710×1000毫米 1/16
印　　张：	15.5
字　　数：	230千字
版　　次：	2016年8月第1版
印　　次：	2016年8月第1次
书　　号：	ISBN 978-7-5090-1125-6
定　　价：	58.00元

　　加勒比，昔日海盗的集聚之地——

　　海盗，海盗船，海盗王。一提加勒比，马上会联想到神出鬼没的加勒比海盗。《加勒比海盗》系列电影曾几何时风靡世界，给人们的感觉是：加勒比海"盛产"海盗！的确，加勒比海海盗猖獗，大批海盗船云集于诸多岛屿，成为海盗的天堂。加勒比海共有十大海盗岛屿，分别是巴哈马、牙买加、海地、开曼群岛、瓜德罗普岛、圣克洛伊岛、维尔京岛、圣基茨岛等。加勒比海地区有成千上万大大小小的岛屿和岛礁，成为海盗极好的藏身之地。海盗利用加勒比海得天独厚的地理优势，大量掠夺从欧洲去往美洲的过往商船，甚至连英国皇家舰队也不放过，曾发生过许多触目惊心、震惊世界的枪杀事件。时过境迁，昔日的海盗船、海盗洞穴、海盗基地，现在已成为历史遗迹，被保存了下来。如今，这些历史遗迹已被建成海盗博物馆、海盗广场、海盗展室，成为当今一大独特景观，吸引了世界各地的旅行者，探秘海盗生活、窥视海盗文化、走进海盗世界……

　　加勒比，散落着世界上最美丽的海岛——

　　大海，椰树，沙滩；蓝天，白云，碧岛。这就是加勒比海！当您驾一叶小舟荡漾在碧波浪涌的海岛之间，那如诗似画的海岛风光，那如梦似幻的海岛风情，定会让您为之迷恋，为之动容，为之惊叹！加勒比海位于大西洋西部、南美洲和北美洲之间，其北部和东部的边缘是一连串从墨西哥湾一直延伸到委内瑞拉的岛屿。岛屿上分布着古巴、牙买加、海地、多米尼加、圣卢亚西、巴巴多斯、格林纳达等13个海岛国家及英、美、法、荷管控的地区，这些海岛国家及地区像珍珠一样散落在大安的列斯群岛和小安的列斯群岛两大系列群岛中的古巴岛、牙买加岛、开曼群岛、巴哈马群岛、伊斯帕尼奥拉岛（海地岛）、波多黎各岛、维儿京群岛和背风群岛、向风群岛及特立尼达和多巴哥岛、荷属ABC群岛上。加勒比海东西长2735公里，南北宽805至1287公里，面积275.4万平方公里，为世界上最大的内海、世界上深度最大的陆间海。复杂的地理环境，造就了千姿百态、风光各异、特色不一的海岛。海岛中有数不清的火山，茂密繁盛的热带雨林，珍稀濒危的鸟类，奇趣多样的动物及掌类植物。这是一个多姿多彩、风情万种的海岛世界……

加勒比，拥有地球上诸多的世界之最——

美丽的海岛，独特的环境，平静的大海，造就了其他地方欣赏不到的世界之最。它拥有世界唯一还在活动的沸腾湖、世界最活跃的火山、世界独一无二的最丑陋的沥青湖景观，还有美得令人窒息的日落、世界十大美丽海滩、世界十大生态旅游胜地，还有被美国、英国等国家地理杂志评为的"世界50个人生必去之地"、"世界最值得去的25个旅游目的地"以及世界上最大的珊瑚礁集结地、世界上最美的五彩之岛、世界上最佳潜水之都、世界上最大的海龟和海螺养殖基地、世界上最大的葛粉生产国、世界上最佳海岛摄影之地等等。除此之外，还有美人岛、处女岛、豆蔻岛、度假天堂、避税天堂，更有神秘而奇妙的磁路、怪坡、岩洞、跳崖山、魔鬼桥、鲁滨孙洞穴……

加勒比，经历了坎坷、曲折而漫长的沧桑历史——

加勒比海最早的居民可追溯到公元前4000年或更早。考古学家在古巴挖掘出6000多年前的西沃内人遗址。在伊斯帕尼奥拉岛发现4000年前的土著人狩猎的石器。公元前300年，大批的印第安人分支阿拉瓦克人从南美洲陆续迁移至加勒比海南端的群岛，并逐渐向北移动占据诸多群岛。之后，又一批印第安人分支加勒比人迁移而来。这些勇猛好战的加勒比人一路征战，袭击其他部落，杀死男人，抓妇为妻，收留儿童并入自己部落，成为当时最强大的部族，"加勒比海"的名字就源于"加勒比"部族。公元1492年起，西班牙航海家哥伦布曾5次航行到达加勒比海，并在大安的列斯群岛建立了西班牙殖民地。紧随其后，葡萄牙、英国、荷兰、法国等欧洲列强频次而至，侵占各岛，据为己有，建立了殖民地。印第安人受到外来势力的侵略、驱赶及疾病折磨，岛屿上的部族日渐减少，有的岛上甚至已经踪迹绝无。随着甘蔗、甜菜、面包树的引进，种植园面积日益扩大，殖民者从非洲贩来成千上万黑奴补充劳力。1830年奴隶解放运动风起云涌，到20世纪诸岛大都获得了独立，但还有一些岛屿仍受殖民者管控。加勒比，有着深沉的历史，多彩的历史，难忘的历史……

加勒比，衍生出别具特色、绚丽多彩的文化——

加勒比海人从原始时期到殖民时代，再到独立自由，一路血雨腥风，同时也汇集了土著人、印第安人、白种人、黑种人、混血人等，由此造就了加勒比海土著文化和欧洲文化及非洲文化的融合，进而形成了独具特色的加勒比文化。当您漫步在加勒比海岛，您会听到夹杂非洲特色的雷吉音乐，带有欧洲味道的萨尔萨舞曲，还有具当地泥土气息的钢鼓乐。当您穿行在街头巷尾，您会领略到殖民时期欧式的建筑风格与当地土著人"裙衫式"房屋的特征。当您穿行在海岛，有可能碰到"狂欢节"、"大斋节"、"海盗节"等一系列极有特色的节日庆典。这就是加勒比海，有着多元化的海岛、风情万种的海岛、灿烂文化的海岛……

请来吧！加勒比用特制朗姆美酒欢迎您！

启程吧！加勒比用皇后海螺美味招待您！

作者：王喜民

2016年6月1日

目录

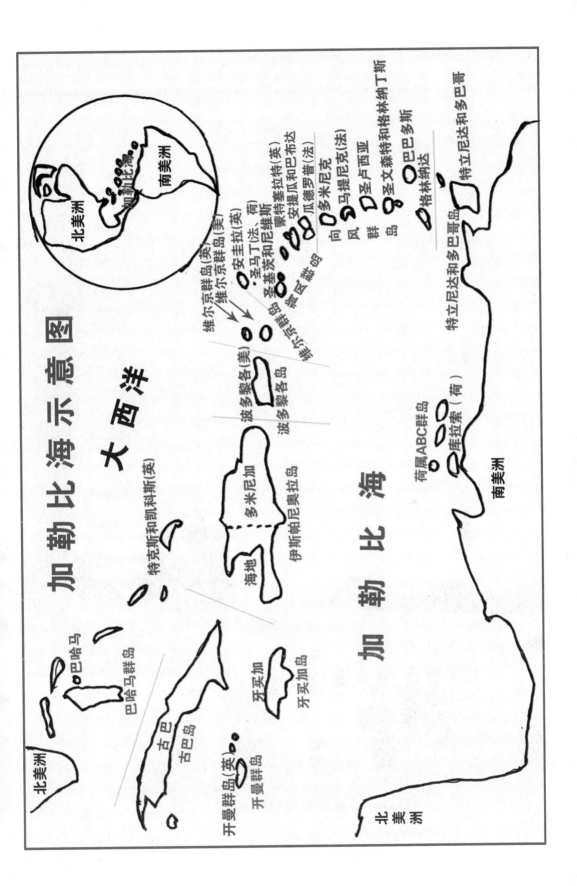

加勒比海示意图

大西洋

加 勒 比 海

北美洲

巴哈马
巴哈马群岛

古巴
古巴岛

开曼群岛(英)
开曼群岛

牙买加
牙买加岛

特克斯和凯科斯(英)

海地
伊斯帕尼奥拉岛

多米尼加

波多黎各(美)
波多黎各岛

维尔京群岛(英)
维尔京群岛(美)
维尔京群岛

安圭拉(英)
圣马丁(法、荷)
圣基茨和尼维斯
安提瓜和巴布达
瓜德罗普(法)
蒙特塞拉特(英)

多米尼克

马提尼克(法)

圣卢西亚

圣文森特和格林纳丁斯

巴巴多斯

格林纳达

向风群岛

荷属ABC群岛
库拉索
南美洲

特立尼达和多巴哥
特立尼达和多巴哥岛

南美洲

北美洲
南美洲

北美洲
加勒比海

第一章

古巴

加勒比海的明珠

　　古巴是加勒比海中最大的岛国，扼守加勒比海西北部墨西哥湾入口，被誉为"加勒比海的明珠"！由古巴岛、青年岛、科科岛、罗马诺岛等岛屿组成。其狭长的主岛古巴岛和小小的蛋形青年岛，看上去好似一条正在孵蛋的鳄鱼。古巴在加勒比海地区虽然是第一大国，而在北美洲则是个小国。国虽小，却是个旅游大国，拥有9处被联合国列入的世界遗产。古巴的雪茄烟享誉世界，驰名全球，古巴的巴拉德罗海滩是世界著名的旅游胜地，海明威是人们追寻的历史人物……

拉美最美都城哈瓦那 •••

蓝天，白云，大洋。

飞机在海阔天空中翱翔……

加勒比海之国——古巴（Cuba）到了！

透过机窗俯瞰湛蓝的大洋，一座静静的海滨城镶嵌其中。那白色的沙滩映衬着平静的大海，那棋盘式纵横的街道四周扩展，那一排排洁净的建筑，壮丽而不失典雅，那苍翠繁茂的树木既怡心又悦目。这就是古巴首都哈瓦那（Habana），被誉为"拉丁美洲最美丽的都城"。

我是从北京启程，转机后来到古巴哈瓦那的。

接机者将我送到下榻的部队宾馆。听说我是来自中国的客人，服务员异常热情，照顾十分周到细致，由此可见中古关系的牢固和感情的深厚。

古巴行程安排的十分紧凑，踏访的第一站是首都哈瓦那。

1982 年，哈瓦那被联合国列为世界文化遗产。

办理入住手续后随即前往市中心。古巴向导叫哈比，他在北京学过两年汉语。在汽车上，他向我介绍了古巴的情况。

古巴被誉为"加勒比海的明珠"，总面积 11 万平方公里，人口一千多万，相当于中国的江苏省。这是一个狭长的岛国，东西长 1200 公里，南北宽 200 公里，最窄处只有十几公里。除古巴主岛外还有一个蛋形小岛青年岛，为此人们常把古巴地形比作一条正在孵蛋的鳄鱼。古巴是个多难的国家，16 世纪初沦为西班牙殖民地，长达 300 年的殖民统治由此开始。1898 年后，又一度被美国占领，直到 20 世纪初成立共和国。古巴虽小，但却是个旅游大国，其中有 9 处被联合国列为世界文化遗产。

说着，汽车停在一处古老的榕树林旁，哈比说："这一带是梅拉马尔街区，西班牙时期的富人们就住在这里，至今还保留着当年各式各样的建筑。榕树林是他们休闲的场地。"步入榕树林，每棵树的树身 10 人合抱不下，至少有 500 年的树龄。

* 哈瓦那城区的榕树林

过榕树林，汽车沿哈瓦那著名的海滨大道一路前行，大道一边是波涛汹涌的大海，一边是林立的楼房。这条海滨大道由东向西沿海岸延伸 10 多公里，已有 100 多年的历史。沿岸一侧，休闲的人群唱歌、跳舞、聊天，还有一对对情人流连，面朝大海。

行驶中，突然，岸边一尊男士怀抱小孩的雕像出现在视线中，我不解其意。哈比解释说："这尊雕像讲述着一段忧伤的思念故事。前些年，一名古巴小孩身处美国，而他的爸爸却在古巴，孩子见不到父亲，日日寻觅；父亲见不到孩子忧思肠断，可惜美国不允团圆。于是大批乃至上万的古巴人天天站在这个地方面朝美国声求，希望美方放还孩子。美国在巨大压力之下开了绿灯，这尊雕塑就是当时的写照。"

汽车拐了一个大弯来到革命广场，这是古巴的政治中心，看上去面积

* 身抱孩子的雕像

足有 5 个足球场大，可容纳上百万人。

广场南侧为主席府和中央委员会大楼，北侧为内务部大楼，上面挂着民族英雄格瓦拉的大型画像，与之对称的大楼挂有西恩富戈斯司令的头像。这两幅头像非常醒目，警示人们不要忘记过去。旁边有国家图书馆、国家大剧院等建筑。

开阔的革命广场上最显眼的是耸立在南侧的马蒂纪念碑，直插云霄，碑前是马蒂的巨型雕像。为什么古巴人对马蒂这样敬重呢，哈比作了介绍。马蒂是古巴革命的先驱，1853 年出生于哈瓦那一个贫穷家庭，自小立志为独立而斗争。1868 年的战争爆发后，他号召古巴人民起来反对西班牙统治，后被捕判刑，流放他国。刑满后他

* 革命广场上的民族英雄格瓦拉大型画像

* 革命英雄纪念碑与马蒂雕像

回国，继续为独立斗争而呐喊。他发动武装起义，英勇作战，1895 年在同西班牙军队的战斗中不幸牺牲，其丰功伟绩令人动容。穿过广场，走近高142 米呈五角形的马蒂纪念碑，我在雕像前致礼。纪念碑一层有马蒂的铜像和展厅，详细介绍他的生平。而后我乘电梯上到塔顶，居高临下，俯瞰哈瓦那市的全貌。

哈瓦那还有一处地标——国会大厦，是仿照美国的国会大厦建造的，当时为古巴参众两院的所在地。站在国会大厦前注目，尽管大厦略逊于美国，但白色大理石托起的雄伟塔楼还是令过客折服。据悉，大厦屋顶穹窿与大厅的对应处有一颗钻石，是古巴全国公路零的起点，大厦内部装饰富丽堂皇。在大厦广场前还摆放着很多美国退役的老爷车，供游人拍照留念。

在哈瓦那老城区，我参观了武器广场。虽然这个广场不大，但它的历史却相当悠久。广场东侧有一座像皇宫一样的建筑，为西班牙风格，据悉西班牙女皇曾在此居住，后改为酒店，它已有 200 多年的历史。广场东北方有一座古老的建筑，名为特泊特，前边是一处小庭院，其中有一棵木棉树和一个神龛亭。据悉这里是哈瓦那古城的发祥地，可追溯到 1519 年。北侧是要塞，四周设有护城河，形成坚固的防御体系。广场西侧是建于 1776

* 国会大厦

年的西班牙殖民时期的总督府，又称上慰官，典型的西班牙式装饰。

革命广场、国会大厦广场和武器广场，三处广场上的建筑映射出古巴、美国和西班牙三种文化形态，令人感慨！

武器广场处在老城区的中心地带，我穿街走巷，欣赏这座"人类历史遗址"古城，纵横交错的街道狭窄古旧，夹杂着城堡、教堂、修道院、广场、雕像，给人以沧桑感，尤其是著名的大主街道，两边的店铺、住宅岁月久远，因其古老而敞开胸怀迎接世界各地的游客前来踏行。走在大主街道，人山人海，行为艺术者、杂耍艺人、手工艺品商贩比比皆是，较北京的王府井还要热闹。

巴洛克式建筑加西亚洛尔卡剧院前的老爷车

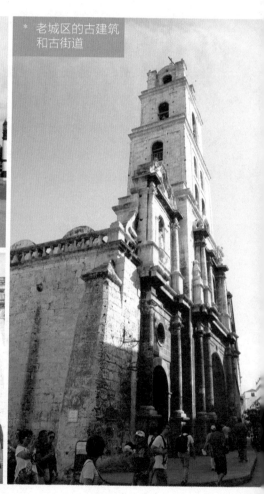
老城区的古建筑和古街道

古老的大教堂

古巴国家不大，但它的"雪茄"烟和"朗姆"酒却驰名世界。在哈瓦那市区我参观了 Havanaciub 朗姆酒厂及它的博物馆，朗姆酒从加工到酿制，工艺非常精细，由于口感好，它成了世人追捧的物品。朗姆酒已成为古巴国家

※ 哈瓦那古城的发祥地。一侧是武器广场，一侧为特泊特古建筑，正面是要塞。

※ 华人纪念碑

的象征。雪茄烟之所以享誉世界,源于它的产地和加工制作。在哈瓦那烟厂,我目睹了传统的雪茄加工过程,工人们那一丝不苟的专注精神,着实令人赞叹!

在哈瓦那,中国城、旅古华人纪念碑、马塞欧公园、摩罗城堡等同样令人难忘。

天色近晚,驱车前往卡瓦尼亚城堡,去参加那里的关城礼炮仪式。卡瓦尼亚城堡建于18世纪后半叶,占地11公顷。进入城堡前,首先要穿过700米长的护城战壕,城堡一端的一座14米高的基督塑像和城门的雕刻都很精美,在灯光照射下栩栩如生。刚踏进城门,发现观礼炮的人很多。攀登到城墙上,被拥至人群中,看到一队穿着古代服装的士兵站在大炮旁。直等到晚上9时整,只听一声炮响,一串火光冲天而上,警示哈瓦那市民城门已关,不能再出城或进城。这一习俗已沿袭了300多年,不管刮风下雨,天天如此。

返回驻地的路上,看着夜晚中神秘的哈瓦那,想起海明威的一句话:"哈瓦那是除威尼斯和巴黎以外世界上最美丽的城市!"

哈瓦那,这座世间最美的都城,沉浸在寂静的夜空中……

古巴,这个加勒比最大的岛国,沉睡在茫茫的大海中……

* 卡瓦尼亚城堡

追寻"诺奖"得主海明威的足迹 ●●●

造访古巴，不能错过文学巨匠海明威。出访哈瓦那期间，寻访海明威曾经工作和生活过的地方，是必定的行程，我要感怀这个被誉为"站着写作的作家"！海明威，是诺贝尔文学奖获得者。

海明威本并不是古巴人，他 1899 年出生在美国，自小喜欢写作，二战期间曾以记者的身份去西班牙采访。他反对法西斯势力，战争结束后辗转来到古巴，支持古巴革命，并在这里进行文学创作。海明威写了不少脍炙人口的小说，如《永别了，武器》、《太阳照样升起》、《丧钟为谁而鸣》、《老人与海》等，1954 年获得诺贝尔文学奖。1961 年 2 月他积劳成疾，因不堪病痛而自杀。海明威与古巴有深厚的感情，一生大部分时间是在古巴度过的，他说："我热爱这个国家，感觉像在家里一样的地方，除了出生的故乡，这里就是命运归宿的地方。"

心怀崇敬，我首先来到哈瓦那老城区的"两个世界"酒店。酒店坐落于武器广场西侧殖民时期总督府的后面，处在两个窄小街道十字路口的西南角，外墙装裱为浅粉

* 海明威在哈瓦那老城区"两个世界"酒店 511 房间创作了著名的《丧钟为谁而鸣》

红色，此楼建于 1923 年。走进大堂，乘黑色电梯上到第五层，来到海明威当年所居的房间 511 号，门口一侧挂有他的头像和一个标牌，上面写着他入住的年代。走进房间，展示在面前的书柜、床铺、写字台非常简朴，从窗口向外可看见旧时的总督府。据讲解员介绍，海明威 1928 年初到哈瓦那时就住在这里，他在这个 20 平方米的房间里完成了小说《丧钟为谁而鸣》，并为多家报纸撰写了大量文章。他的生活非常清苦，常常到顶楼大厅就餐。现在这一房间已被国家租用，并开辟成小型博物馆供各国游客参观。因为海明威的居住，如今很多外来客人首选这家饭店入住，也许是为了沾染些诺贝尔奖得主的灵气吧！

　　沿古街道穿行，有一个"五分钱小酒馆"，这里也是海明威当年经常光顾之地。走到门前时，不要说店里，店外就集结了很多人，等待着感受海明威时代的酒吧。等了很长时间，我终于步入酒馆。只见酒馆墙壁上黑压压签满了来客的名字，一个挨着一个，连卫生间的墙上都没了空隙。来客必点的是当年海明威喝过的"台克利酒"，海明威曾评述这种酒"没有酒精的味道和感觉，就好像从高高冰川上滑雪而下"。酒馆里被慕名的人们挤得

* 海明威的房间门口挂有他的头像

* 海明威写作和睡觉的地方

水泄不通，他们争抢着拍照。

　　沿着街区向深处走，还有一个小佛罗里达餐馆，也是当年海明威流连

* 海明威光顾的五分钱小酒馆墙壁写满了顾客的名字

* 为追崇海明威而来就餐的人们

之地。

海明威在古巴名气之大令人惊讶，特别是来自欧洲和南美洲的游客十分上心。在哈瓦那以东 10 公里有个渔村，曾是海明威出海钓鱼的地方。当驱车来到这里时，照样挤满了参观的人群，大家都在追寻海明威的足迹。海边有一尊海明威雕像，人们排着长队拍照。这里还有个小酒吧，是当年海明威常光顾的场所，也成了人们追捧的地方。恰遇进餐时刻，我也在此享受了一次海明威式菜单美食。村里人说，海

* 海明威出海钓鱼的海
边竖立着他的雕像

明威的小说《老人与海》，就是以这个小渔村为背景写的，其中一个人物以当地的居民为原型，此居民逢人即说："海明威书中写的就是我！"

海明威居住时间最长的地方是哈瓦那东南郊的德保拉镇，我专程慕名赶去。这是一处建在山丘上的庄园，大约占地上百亩，名为"瞭望山庄"。里边尽是高大的树木和草坪。我沿着曲折的小路走到山丘上，一幢别致的建筑呈现在眼前，这就是海明威曾经的居所。房舍中有卧室、客厅、中厅等，写作间里设有工作台、打字机室，每个房间都放有书柜，墙壁上挂着动物头的标本。讲解员介绍："海明威从 1939 年至 1960 年在此度过。在长达 21 年的时间里，在这幢房子中，他创作了《老人与海》、《移动的盛宴》、《岛在湾流中》等 7 部小说。大家可能不知道，这 7 部小说都是海明威站着写的，他认为站着写能出彩。累了，他或到山丘上转转，或到三层阁楼上望远。"我围着这幢房子转了一圈，背面是一处悬崖状山体，一侧是三层高的小阁楼，我还踏上阁楼顶眺望远山丛林，感受海明威当年的悠然。海明威生前喜欢钓鱼、游泳、打猎。从阁楼转道下去 200 米是一个游泳池，旁边放有一艘

木质游船，是用来到海上钓鱼的，还有一处小房圈养动物。

瞭望山庄是经古巴政府投资重新修建的，故居中存有海明威大量衣物和生活用品，保留了当年的原貌。

下山的路上心想：古巴虽小，但抓住了名人效应，每天有上千人来此参观，这给古巴带来了一笔不小的收入。

* 海明威的写作间，《老人与海》就是在这里写成的。

* 人们纷至沓来参观海明威居住的瞭望山庄

"人间伊甸园"巴拉德罗海滩 •••

汽车迎着东方万道彩霞和初升的太阳，行驶在古巴鳄鱼形状的脊梁上，左边是汹涌澎湃的海浪，右边是平缓翠绿的林草，动静相伴一派生机。我要去古巴广负盛名的巴拉德罗海滩采风，那是全世界最著名的四大海滩之一。有人曾说"不到巴拉德罗海滩等于没有去过古巴"。

哈瓦那距巴拉德罗130公里，途中向导哈比特意介绍了源远流长的中古友谊，他说："1847年首批中国上千名劳工乘船登陆古巴，投身古巴的甘蔗种植，之后又有成批华人前来，最鼎盛时期达到15万人侨居古巴。19世纪中后期，古巴争取解放，在与西班牙殖民者斗争中，华人也参加到战斗行列，勇猛杀敌，战功累累。为此，上世纪30年代古巴政府在哈瓦那建造了华人纪念碑，黑色大理石上镌刻着古巴民族英雄盖萨达将军名言：'没有一个古巴华人是逃兵，没有一个古巴华人是叛徒'。在建交历史上，古巴又是第一个与中国建交的西半球国家。"

此时，汽车停靠在一座宏壮的公路桥头休整，我也顺便小憩片刻。眼

* 古巴境内建有拉丁美洲最长的公路桥

前这座大桥飞架两山之间，桥底是
万丈深渊，谷底郁郁葱葱的树木
绵延远方。"这是拉丁美洲最
大的公路桥，已有 50 年的
历史。"哈比说。

在这座格外引人注
意的桥头，还设有一家专
卖店，专门销售印有"格瓦
拉"头像的 T 恤。哈比在柜台
旁讲述起格瓦拉的传奇生平，他说：

* 印有民族英雄格瓦拉
头像的衣衫

"格瓦拉 1928 年出生于阿根廷，获医
学博士学位。格瓦拉支持民族解放和独立运动，曾辗转南美洲数个国家之
后来到古巴，参加了卡斯特罗领导的武装斗争。1958 年他率领的第八纵队
在攻克古巴圣克拉拉城时立下赫赫战功。但后来在玻利维亚不幸被捕，并
遭杀害，其遗骨安葬在圣克拉拉市，并建有纪念馆。格瓦拉在古巴乃至整
个拉丁美洲享有很高的盛誉，被称作国际主义战士。"据悉，格瓦拉生肖为龙，
在 2012 年龙年之际，北京地铁很多地方出现格瓦拉的头像，用以怀念这位

* 海滩上的椰树林

国际主义战士。

车行20分钟，面前出现一片椰树林，林中的树，树身中间粗两头细很是奇异。哈比告诉我，巴拉德罗很快就要到了，随后他介绍起巴拉德罗的一些情况。巴拉德罗是个长22千米，宽700至1200米的蛇形半岛，因拥有洁白如玉的沙滩，成为人们的度假天堂。这个狭长的半岛上密布着40多家高级酒店宾馆，其中4星级以上12家，还有37座别墅村，每天可接待游客2.4万人，成为世界一流的度假胜地，有"人间伊甸园"之美誉。

汽车穿过密林，一头扎进一处掩映在绿树丛中的宾馆，我的住所到了。这是一座七角形的建筑，很有特色。走进大厅，迎面是一个圆形天井，从上到下爬满了绿色植物，还有从天而降的哗哗流水。办完入住手续后，工作人员在我手腕上系了一个防水纸环，说："这是入住标识，凭这个吃饭、喝酒、吸烟、游泳、钓鱼、潜水、跳舞、唱歌等统统不收费用，任意消费。"

我放下箱包，径直从后门出去飞奔向海滩。啊！钻石般的海面折射出的璀璨光芒，耀眼而炫目。这么蓝的天空，这么白的细沙，这么疏影横斜的珊瑚，这么温热的水域，这么清新的空气，这么清澈的海水，真是人间

* 世界最著名的四大海滩之一——古巴的巴拉德罗海滩

* 巴拉德罗海滩上休闲的人群

天堂呀！人们一个个跳进海里，沐浴在加勒比海的甜蜜之中……

畅游了一个小时后，我踩着细软的沙滩沿海岸线踏行。目光中出现三色条带：一条是蓝色的海洋，一条为白色的沙滩，一条是绿色的丛林。三色带不是静止的，而是摇曳流动的。海中的浪花，沙中的人流，树枝的轻拂，弹奏出一曲曲美妙的乐章，编织成一行行动人的诗句。歌涛、诗岸、韵湾、风椰、柔沙，多么美好的沙滩……

日落，幕下，月升。我走回宾馆，天井旁响起阵阵钢琴声，女士翩翩起舞，男士频频举杯，度假的人们沉浸在歌舞、乐曲和美酒之中……

这时，我和几个来自中国的客人走到钢琴边，希望钢琴师弹奏一首上世纪 60 年代曾在中国流行的古巴歌曲《美丽的哈瓦那》，钢琴师欣然应允。于是，一曲熟悉的乐章在大厅响起，伴随着悠扬的曲调和优美的旋律，中国客人和古巴朋友一起拍着手合唱起来：

美丽的哈瓦那，

那里有我的家……

* 入住的宾馆掩映在椰林之中

* 海滩上五星级宾馆林立

歌完曲停，钢琴师转而弹起一首曾经在上世纪 60 年代古巴流行的中国歌曲《我的祖国》，这是中国电影《上甘岭》的插曲。琴声刚刚响起，几个年龄稍大的古巴客人围拢过来，与在场的中国人同声高歌"一条大河，波浪宽……"当唱到"朋友来了有好酒，若是那豺狼来了，迎接他的是猎枪"时，一位古巴朋友突然挥手让大家包括钢琴师停下来，这时他认真而风趣地说："中国一位领导人访美在奥巴马举行的宴会上，所邀中国钢琴家弹的就是这首歌曲，太好了！太棒了！太有影射力了！在朝鲜战场上，《上甘岭》主题歌中的'豺狼'是有所指的。"

话音一落，人们愣住了，再一琢磨这句话的意思，真有嚼头……

激情四射的琴声再起，"祖国"这个字眼唱得更加嘹亮，飘响在夜空中、沙滩上，回荡在加勒比海深处，魅力无穷……

温馨提示

古巴是进入加勒比海的门户，也是加勒比海地区最大的岛国。去古巴可通过中国国旅、凯撒、五洲行、尊旅假期等旅行社办理，现已成为多家旅行社的常规线路。若是自由行，可先办理签证，然后购买机票。目前中国还没有直飞古巴的航班，只能通过巴黎、伦敦、多伦多、墨西哥等地转机，才能进入。古巴和中国关系很好，古巴人对中国人非常友好和热情，所以到达古巴后吃、住、行都没有问题。古巴可去之处很多，尤其是被联合国列入的世界文化遗产在加勒比海地区位居第一。从古巴去往加勒比海地区其他国家也很方便，可通过飞机或轮船前往。但去往美属岛屿会受到限制，尤其值得注意的是古巴的雪茄烟和酒，不能通过第三国带入美国属地，否则会扣留或处罚。

第二章

牙买加

林水之地

　　"林水之地"、"泉水之国"、"瀑布之乡"……这是对牙买加的美称、美誉。牙买加境地多瀑布、多温泉、多水，是一个名副其实的多水之国，造就了闻名世界的蓝山咖啡。牙买加位于加勒比海西北部，是加勒比第三大岛。牙买加人杰地灵，这里不仅有享誉世界的蓝山咖啡，还有世界体育名将、世界雷吉音乐诞生地、海盗大王的老巢……

牙买加首都金斯顿拾零 •••

青山绿水，瀑布奔泻，森林茂密。

这就是牙买加（Jamaica）。走在牙买加境地，到处是参天翠绿的林木，到处是潺潺流水，千般景色，万种风光，似仙境一般圣洁。牙买加，最早在此定居的印第安人阿瓦克族把这里称为"雅依马加"，当地语意为"林水之地"。牙买加面积 10990 平方公里，人口 260 万，为加勒比海地区第三大岛。牙买加人杰地灵，拥有世界第七大港、世界著名的蓝山极品咖啡产地、世界著名体育跑步名将、世界著名雷吉音乐发源地……

牙买加首都金斯顿（Kingston）有着传奇般的历史，其名字的含义为"国王之域"。走在金斯顿大街上，空气特别清新，街道十分整洁，高高的棕榈树和鲜花盛开的合欢树随风招手致敬，迎接远道而来的友人。

* 金斯顿新城高楼林立

　　沿着宽阔的马路，首先来到占地 30 公顷的民族英雄广场，这里长眠着牙买加的历代英雄，其中有牙买加的缔造者诺尔曼·曼利和亚历山大·博斯塔曼特，有参加过奴隶起义的浸礼会牧师萨姆·夏普和保罗·博格尔，有黑人权利运动的先驱马斯·加维，还有 18 世纪逃亡黑奴的传奇式领袖南尼·曼利等都埋葬在这里。漫步在英雄广场，看到草坪上竖立着一座座不同形式的纪念碑，昭示国民不要忘记这些传奇民族英雄和人民领袖。

* 民族英雄广场中的纪念碑

　　在金斯顿大街小巷，看到很多体育健将的图画，显示这个国家体育的发展。其中中国人最熟悉的尤塞恩·博尔特的画像最多，他是当今世界男子短跑项目无可争议的霸主，保持着男子短跑界的多项世界纪录，并保持了奥运会赛场"不败金身"。在北京奥运会中，博尔特的出色表现给中国人留下深刻印象，他的 100 米、200 米短跑同样闪耀在世锦赛赛场上，成为历史上唯一一位奥运会、世锦赛双冠王。他获得的世锦赛金牌总数达到 8 枚，追平美国名将卡尔·刘易斯和迈克尔·约翰逊共同保持的纪录。除博尔特外，牙买加还有谢莉·安·弗雷泽，她在北京奥运会上超水平发挥，以 10 秒 78 第一个撞线，成为新的"女飞人"。阿萨法·鲍威尔在雅典奥运会上创造了

* 体育健将出现在街头
宣传画上

男子 100 米短跑世界纪录。这些都是牙买加的体育精英。

在金斯顿，还有一个名人乔治·斯蒂贝尔，生于 1820 年的他，是牙买加第一位黑人百万富翁。斯蒂贝尔本是个普通的木匠，他在南美洲委内瑞拉靠淘金赚了大钱。1881 年他回到金斯顿，投巨资盖了德文大宅（Devon

* 德文大宅隐藏在林
木中

House）。这幢豪宅建筑面积宏大，装饰豪华，吸引众多游人前来参观，成为金斯顿的一张名片。据管理人员介绍，斯蒂贝尔在这里一直居住到去世，后来他的女儿在此居住，女儿去世后移交牙买加政府管理。政府将此作为国宝级建筑保留维护下来，现开发成为一处景点对外开放，德文豪宅由此闻名于世。这处豪宅位于金斯顿的霍普路，顺霍普路再向前走便是总理办公大楼。

金斯顿市区立有很多雕像，其中最惹眼的是一对黑人裸体雕像，一男一女，赤身相对，表现了觉醒了的黑人的开放意识和解放心态。雕像前，很多外国游客围绕于此拍照，欣赏艺术作品。

牙买加，这处"林水之地"让人向往……

金斯顿，这座"国王之城"令人崇尚……

* 解放广场吃冰激凌的一家人

* 水池中的黑人裸体雕像

皇家港的海盗大王摩根 •••

　　在牙买加的南部，有一个皇家港，那是一处很值得去的旅游景点，那里曾是昔日海盗的老巢。皇家港位处金斯顿的一个小岛上，有一条堤道与牙买加本岛相连。这里最早是西班牙人修船之地。1655 年英国人夺取牙买加之后，在这里建造了堡垒，并加强防御力量，成为远近闻名的皇家港。这里是英国皇家公认的海盗聚集地、海盗的大本营，其中"海盗大王"摩根就在这里居住。昔日，海盗从这里出发，袭击出入加勒比海各国的船只，将掠夺的大量金银财宝运回皇家港，藏匿于此，然后再运回英国。

* 皇家港殖民时期的城堡（张中协 摄）

* 堡垒炮台（张中协 摄）

* 保留下来的城墙

* 海盗藏身之地

提到"海盗大王"摩根，不能不追溯他的历史。亨利·摩根1635 生于英国威尔士一处庄园，成人后到加勒比海牙买加岛当契约工，1655 年成了牙买加岛上的一名英国士兵。当士兵期间，他结识了岛上很多杀人犯、盗劫犯、逃奴和流氓，后来加入这些人的组织，四处出击进行海盗活动。他们把抢来的东西，存放在皇家港，并在这里挥霍，过着花天酒地的生活。1663 年，摩根伙同海盗们一起前往中美洲大陆袭击西班牙的地盘。1665 年，摩根返回

※ 海盗大王摩根像

皇家港。这时，他的叔叔荣升为加勒比海英军指挥官。他与他叔叔的女儿结婚后，很快被任命为皇家港英军的一位官员。与此同时，海盗们推举他当了牙买加的总头目曼斯菲尔德的继承者。这样摩根既是军人又是海盗首领。1668 年，摩根带人袭击了难攻的古巴，他用被俘的牧师和修女做挡箭牌取胜。1669 年，摩根率领 8 艘船 650 名水手袭击了委内瑞拉沿岸的两个城市，名声大震。自此，摩根确立了"海盗大王"的称号。1670 年，摩根带领 36 艘船 2000 名海盗袭击了巴拿马城。之后他又带领海盗深入加勒比海抢劫，几乎次次得手，成了加勒比海一霸，连西班牙人对他也闻风丧胆，无可奈何。摩根的老窝就在牙买加皇家港。

摩根带领这些海盗在皇家港建了赌窟、茶馆、妓院，过着花天酒地、放纵奢淫的生活，1688 年摩根去世。

天主教会曾指责皇家港是"基督教世界中罪恶累累之地"。1692 年，在摩根死去 4 年之后，一场大地震令这里遭受灭顶之灾。海盗们及抢掠的金

* 城堡旁的海盗纪念品商店

* 海盗雕像

银珠宝一并沉入海底。目前皇家港还存有残留下来的堡垒、炮台及海盗
住宅遗址。

皇家港，因为海盗而出名！

皇家港，因为摩根而成为一大看点！

造访蓝山咖啡种植地 ●●●

穿越密林，盘山而上。从金斯顿市区向着蓝山进发。

蓝山，优美的山林，奇异的花草，醉人的芳香……

蓝山，更因著名的"蓝天咖啡"产地而闻名于世，成为所有咖啡爱好者心中向往之圣地。蓝山是加勒比海地区最长的山脉之一，占牙买加东部三分之一的面积，最高峰为海拔2256米的蓝山峰。

每当天气晴朗的日子，太阳直射在蔚蓝的海面，山峰反射出海水璀璨的蓝色光芒，故而得名蓝山。由于雨水不断，光照充足，滋润了众多的植物，使得整个山脉树木参天，花草旺盛繁茂。再加上雾气蒸腾，非常适合咖啡生长。这里盛产的咖啡豆是世界极品，成了欧美，特别是日本市场的抢手货。

* 雾气蒸腾的蓝山

　　盘山之路足足用去了一个多小时，才最后到达
蓝山山巅。站在山顶俯望，满山郁郁
葱葱，绿意盎然。从山顶，
我又徒步20多分钟，走进
UCC 咖啡种植园。这里漫山遍野
都是咖啡林，非常清香恬静。咖啡树修剪得整整齐齐，
嫩绿的枝条上鸟儿欢快地鸣唱。好一幅美丽动人的蓝山之
景山水画卷，好一首美妙动听的蓝山之鸟协奏鸣曲。

　　穿过咖啡林，眼前出现一片绿色的草地，中央坐落着二层

* 殖民时期总督的行宫

阁楼，这就是有名的雷格顿
庄园，它曾经是英国殖民统
治时期牙买加总督的行宫，
名字取自第一代牙买加总督
克雷格顿的姓氏。不过，此
行宫1981年被UCC购买，
现成为UCC咖啡种植园的管

* 蓝山咖啡种植地竖立
着创业者的雕像

030

理办公室。走进这座昔日总督的行宫，室内装饰极其豪华。有长方接待厅、园形凉亭、大型宴会厅，还有高档寝室、厢房、浴室、书房等。UCC 创业者为上岛忠雄，大厅中悬挂着上岛忠雄自己提写的座右铭："忍耐、努力、感谢。"庭院中立有他的头像。UCC 管理人员是一位黑人女性，她端出咖啡，热情地接待我们，并介绍说："自从 UCC 买下这座总督行宫后，改作种植园的办公机构，每天接待很多客人前来参观，同时还接洽咖啡交易商客。这里的海拔为 880 米，生产出来的咖啡是蓝山咖啡极品。整个蓝山有很多咖

* 各式各样的咖啡豆

* 各种产品包装

啡种植园，UCC是其中一个。蓝山咖啡大都为日本人消费，每年出口日本
的蓝山咖啡达688吨，可以说90%都被日本所购买，美国、英国占10%。"
她还介绍："上岛忠雄先生1933年创办了上岛忠雄商店，经营咖啡豆，1951
年成立上岛咖啡株式会社，1958年开办第一家上岛咖啡店，1991年公司改
名为UCC上岛公司，主要经营蓝山咖啡。"

　　坐在园形凉亭，品尝着蓝山极品，聆听着咖啡的故事，午后的斜阳下，
兀自享受着这悠闲的时光！

　　蓝山，世界极品咖啡生产地！

　　蓝山，旧殖民者的行宫官邸！

* 八角凉台可赏蓝山山脉

雷吉音乐开创者鲍勃·马力 ●●●

牙买加是雷吉音乐的发祥地，如今欧美流行乐中的主体都是雷吉的后代。开创雷吉音乐者是牙买加平民歌手鲍勃·马力。

马力的祖籍是埃塞俄比亚，1945年出生于牙买加北部的九英里村，父亲是一位军人，母亲为黑人妇女。马力12岁时，父亲不幸去世，母亲与他从此相依为命，过着清贫艰难的日子。

从小酷爱音乐的马力，在山村里靠卖唱维持生计。1964年，他组成"哭泣着的哭泣者"乐队，辗转乡村农舍，唱起牙买加贫民窟里的困顿生活，以及这期间创作的《Miss Jamica》。从此，马力成为街头少年的卖唱偶像。同时，也孕育了他的雷吉音乐。此间，乐队推出了专辑《Catch a Fire》（引火烧身）。

一次，马力举办一场音乐会，在音乐会前夕，5名枪手突然闯入对他们疯狂扫射。谋杀虽没有成功，但马力却受了重伤。但他还是咬着牙坚持举办完他的音乐会。

马力曾在首都金斯顿一家唱片公司打工，一干就是6年。在唱片公司工作的马力，如鱼得水。他如饥似渴地吸收着一切与音乐有关的元素，他的音乐才华更加凸显，他的音乐灵感喷涌而出，他的雷吉音乐不断升华。

到20世纪60年代后期和70年代，马力的雷吉音乐流行于全世界，特别盛行于加勒比海及欧美，久唱不衰。

马力，一度成了牙买加的符号！

然而，天妒英才。1981年，马力在归国途中，经美国迈阿密时癌症复发，永远合上了双眼。那一年，他仅36岁。在母亲的护送下，马力的遗体被运

* 鲍勃·马力工作过的唱片公司大门

回牙买加，在首都举行了隆重的国葬。之后，其遗体被运回故里。

在金斯顿，我踏访了马力曾经工作过的唱片公司，那里现已改作鲍勃·马力博物馆。公司大门和外墙，画满了马力的生平故事；院子里竖立着鲍勃·马力的全身雕像；楼房里展示着马力用过的调音器械及灌制的唱片，还有他穿过的衣服和一些生活用品。

* 唱片生产车间前竖立着马力披头散发唱歌的雕像

* 院墙上贴满马力的生平图片

* 鲍勃·马力和他的唱片

从金斯顿驱车，经过 3 个多小时的崎岖山路，就来到马力的故乡九英里村。九英里村是个很小的山寨，村街上到处都是马力元素。街墙上，路口处，店铺前，比比皆是鲍勃·马力的画像，工艺品店大量出售马力的木雕和唱片、光盘。九英里村，因鲍勃·马力而出名，成为整个国家的一大亮点，也是游客必去的地方。

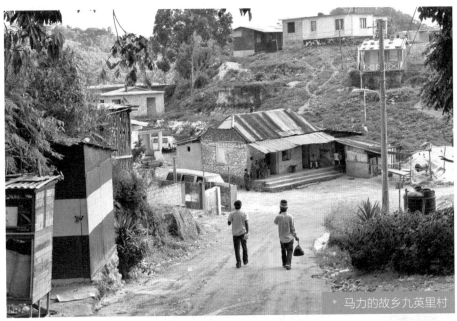

* 马力的故乡九英里村

继续向前，走向马力的故居。这是一处极为普通的住宅，院落里贴满了马力的画像。参观前，有个乐队向来者专门演唱马力的雷吉音乐，边演边唱，把气氛推向高潮。在马力的故居设有一个展室，里面有马力用过的钢琴、吉

* 当地人扮演马力在马力故居前又唱又跳吸引客人

他及他灌制的唱片和生活照，还有报纸刊登的有关他的活动情况。马力昔日的住所很小，至多 6 平方米，非常简陋。小屋内放着一张单人床，是在他的《Is This Love》那首歌里提到的那张小床，童年的马力一直睡在这张床上，就是在这张单人床上，他写出了《Is This Love》这首诗歌。除单人床外，小屋内还摆放着马力当年的生活用品。马力的童年时代就是在此陋屋中熬过，一直到 15 岁时才离开。小小住所的后面有一块石头，马力当年常常枕着这块石头睡觉和沉思。

* 马力是在这间只能放一张单人床的小屋内生活和创作的

鲍勃·马力的遗骨安放在故居对面的一间房子里，所用的石材统统是从埃塞俄比亚运来的。门前插着红、黄、绿三色旗，写有 BOB 红、黄、绿三色字，而且多处地方显示红、黄、绿三色标识。据悉，这三色是埃塞俄比亚国旗的颜色，分别代表鲜血、太阳和大自然。

为什么鲍勃·马力与非洲的埃塞俄比亚联系在一起了呢？在马力的故居，解说员给了答案。鲍勃·马力的雷吉音乐与拉斯塔法里教有千丝万缕的联系。拉斯塔法里教由牙买加黑人解放运动领袖马科斯发起，呼吁牙买加黑人团结起来，重新获得解放，重返非洲故乡，追求黑人独立。其口号是"同

* 故居宅门贴有马力头像

* 故里飘扬着三色旗

一个上帝、同一个目标、同一种命运"。该宗教崇尚埃塞俄比亚前皇帝海尔塞拉西一世。海尔塞拉西之意为"圣父、圣子、圣灵三位一体的威力永不消亡"。拉斯塔法里教中的"拉斯"便源于此。而鲍勃·马力的雷吉音乐，正是表达了黑人们的内心追寻，呼吁黑人同胞团结一心，摆脱贫困和压迫，走向美好未来……

马力的雷吉音乐有很强的节奏感，浓烈的非洲韵调儿，激情满怀的黑人力量，浪漫、豪放、明朗。马力将这一音乐渗透到欧美流行音乐及摇滚乐的领域，对西方音乐产生巨大影响，后世尊他为雷吉乐之父、雷吉乐鼻祖和拉斯塔法里教徒。鲍勃·马力共出访过 14 个国家，举办了 100 多场个人音乐会。1984 年出版马力雷吉乐界专辑，销量达两千多万张。1990 年，马力的生日被定为牙买加法定假日。2010 年，马力获选美国 CNN 近50 年"世界五大指标音乐人"。马力的《灼烧》、《我向警长开枪》被音乐人克莱普顿（Clapton）翻唱并一度排到英国音乐排行榜榜首。

马力音乐，一度影响了大半个世界！

牙买加，因鲍勃·马力而骄傲和自豪！

* 故居展室中的马力演唱照片

黑河·瀑布·溪流 ●●●

牙买加的国家名称来源于"林水之地"，因为这里水源十分丰富，造就了林木花草的繁荣生长。行走在这个暮霭沉沉，雾气缭绕的岛国，看到条条河流，道道溪水，处处瀑布，好不壮观！

牙买加，真是仙境之地，风光万千。其中，黑河是一条奇特的河流。我从牙买加的蒙特哥贝市启程，去往黑河踏访。

蒙特哥贝是牙买加第二大城市，处在这个岛国的北海岸，是著名的度假胜地。蒙特哥贝在西班牙语中意为"猪油"，据说西班牙人当年登岛入侵时这里有很多野猪，他们将野猪杀掉提炼猪油运走而得名。后来，人们发现这里有个博士洞穴，据说洞中的圣水能治百病，于是欧美人纷至沓来，旅游业由此发展起来。蒙特哥贝有美丽的沙滩、神秘的玫瑰厅、格林伍德宅院、竹林大街、阿普尔顿庄园、黑河探险、YS 瀑布等许多可去之处，

＊蒙特哥贝秀气的小岛

风光无限。

经过一个半小时的车程，来到黑河镇。然后乘木船沿黑河逆流而上，欣赏黑河沿岸风光。

黑河，顾名思义，是黑色的河水。看上去，河水墨黑墨黑，而溅起的水花却是雪白雪白。船公介绍说："黑河其实水并不黑，只因河床是黑色的，所以映出的水也是黑的。"说完，船公用塑料瓶灌满河水向外倒出，一股洁白的水从瓶口流出，他还顺势喝了两口，以示水是非常干净的，可以饮用。

木船在黑河中荡漾，两边是茂盛的红树林，根系密密麻麻扎进河水中。林中，一群群白鹤飞来飞去，戏闹着、欢叫着，打破了森林的沉寂。河水平静如镜，水面漆黑如墨，而蓝天白云绿树映照在黑河中，蓝天不蓝，白云不白，绿树不绿，统统呈淡灰色彩，这一奇特的现象带着种种神秘感，仿佛恍惚莫测的水墨画卷……

突然，一条 10 米多长鳄鱼冲船而来，接着两条、三条……

不寒而栗！鳄鱼扬起长长的嘴巴……

毛骨然悚！鳄鱼张开血盆大口……

* 黑河

出其不意，船公这时竟然放下船桨去和鳄鱼握手，把手放进鳄鱼的嘴里！

船公说："其实，鳄鱼对人是友善的，只要不伤害它。"

转眼，70公里的黑河已在身后。

黑水、白鹤、鳄鱼及独特景色；黑河，让人惊叹！让人回味……

从黑河驱车北上，半个多小时车程，来到YS瀑布。这是一组阶梯式瀑布，自上而下迭撞而

* 山涧亲昵

* 瀑布

流。瀑布不是很大，水量不是很足，但它处在密林深处，置身于大自然的怀抱，非常幽静。阶梯式瀑布的每个阶次，都有一池潭水，恰似一个天然泳塘，可下去戏水游泳，融入大自然，不亦乐乎！在瀑布前，潭水中，可见双双对对情侣，有的戏水，有的打闹，有的亲吻，享受大自然的馈赠……

行走在牙买加，瀑布比比皆是，散落于深山老林、谷涧坡岗。在奥丘里奥斯度假胜地西部热带雨林中，有一处邓思河瀑布。1657 年，为争夺这座岛屿，西班牙和英国曾在这里展开了著名的战役。当我驱车来到这里，看

* 邓思河瀑布人流如云

到的瀑布并不是想象中的飞流直下三千尺，而是多梯式多条水流，或者将它比作多条溪水并流更为贴切。邓思河发源于蓝山山脉，是蓝山冰雪融化而成，再注入加勒比海。由于水流缓慢，且水浅面宽，成为人们戏水的极好场所。在邓斯河边，只见众多的游客站在流水中，手拉手，依次逆水而上。人数之多，没有上千，也有大几百。戏笑声、喊叫声、嘶叫声，此起彼落，煞是热闹。

瀑布边木刻生意兴隆

邓思河瀑布，被誉为牙买加的尼亚加拉！

黑河，是这个岛国最值得观光之胜地！

温馨提示

　　牙买加对中国人实行免签政策，不用签证。前往可从广州出发，也可以从北京飞美国、加拿大、墨西哥等国转机到达。牙买加的吃、住、行都可以从网上预定，持中国护照可以享受 30 天的停留时间。牙买加曾是英国的殖民地，有很多殖民时期的建筑，现为英联邦成员国。牙买加对中国客人是友善的，不论是自助行、自由行还是休假旅行都是极为方便的。牙买加和其他加勒比海岛国一样，为海洋性气候，一年四季温暖如春，气候宜人，适合旅行。牙买加和古巴一样是常规线路，国内很多旅行社可以办理进出手续。牙买加社会秩序稳定，非常安全。

第三章

开曼群岛

加勒比海的"潜水之都"

　　开曼群岛由大开曼岛、小开曼岛和开曼布拉克岛组成。本来，这三个岛曾是无人小岛，荒芜悲凉，是海盗的集结地。后发现开曼群岛处在一个巨大的海沟，是加勒比海最深之处。这个海沟里呈现出罕见的海下世界，五彩缤纷，成了潜水者向往之地、追寻之地。开曼群岛是世界海上五大金融中心之一，有"潜水之都"、"避税天堂"之称。开曼群岛还有一大亮点是小开曼岛上的血腥湾，曾是海盗活动的场所……

避税天堂开曼群岛（英）...

开曼群岛（Cayman Islands），它像绿宝石一样撒落在加勒比海西北部、大安的列斯群岛的西面。北依古巴、东临牙买加，隔海相望洪都拉斯等国，有着得天独厚的地理位置优势，成为加勒比海地区最具魅力的海岛之一，被称作"世外桃源"、"度假胜地"、"潜水之都"和"加勒比海的水下首都"，特别是这里拥有全球数万家离岸注册公司，又被称为"避税天堂"……

开曼群岛包括大开曼岛、小开曼岛和开曼布拉克岛，总面积264平方公里，人口5.2万。其中主岛大开曼岛长35公里，宽6.5公里，面积200平方公里，人口3.7万。首府乔治敦（Georgetown）坐落于这个岛上。

开曼群岛的发现要归功于西班牙航海家哥伦布。1503年5月10日，哥伦布的航船被海浪推出航线漂浮到此，意外发现了这座岛屿。他看到水域中有很多海龟，便将这些岛命名为"海龟岛"。紧接着西班牙人占领此岛。自哥伦布发现这里有很多海龟后，引发很多船只前来捕捞，尤其是欧洲的航船到此大量捕杀海龟，带回本国作为美味佳肴端上餐桌。英国著名航海家弗朗西斯·德雷克爵士将船开来还发现这里鳄鱼比海龟还多，便把"海龟岛"

* 去往潜水点

* 总督府

046

改名"开曼群岛"。开曼群岛在加勒比语中为"鳄鱼岛"之意。1655年英国海军夺取了西班牙占领的牙买加及周围岛屿，开曼群岛也随之到了英国手中，并成为英国的领地。

漫步在开曼群岛主岛大开曼岛，令人心旷神怡、兴致倍增。这是一个风景秀丽、如诗如画的海岛：高高的椰树斜插在海湾；远去的大海铺展到天际；翻卷的浪花浸湿了岸边的沙滩；活蹦乱跳的逐浪者像海燕一样展开矫健的身姿……

美妙啊！大开曼岛！令人深情神往，如痴如醉……

七里滩是大开曼岛乃至加勒比海最著名的景区之一，处在大开曼岛的西海岸。七里滩，顾名思义，是一个长七英里的海滩。走在柔软细润的沙滩上，一边是蓝色的大海，一边是风格各异的宾馆、饭店、商场、酒吧，间或翠绿的树木，还有乔治敦城区的楼宇，将七里滩点缀得像画卷一样美丽……

* 七里滩

顺着七里滩北行，来到海龟农场。这是开曼群岛最有名、最受欢迎的地方，也是来客首选之地。当走进养殖区，成千上万的海龟呈现在眼前，有大的、小的、刚孵化出来的，还有世界上唯一一处绿海龟养殖基地。来这里参观的人很多，人们可以近距离接触海龟，可抱、可坐，还可以站在海龟背上，尽管拍照。时值中午，我特意在此饱尝了一顿"海龟餐"，吃龟肉、喝龟汤、

* 像地狱一样的黑色喀斯特地貌

嚼龟壳、啃龟骨，让你细细品味海龟的鲜美……

距海龟农场一步之遥、英文为"Hell"的地方，看似"地狱"，其实是"喀斯特"地貌，呈黑色的石灰岩状。黑色石灰岩一般只在海边才有，在陆地上出现成为这里奇特的现象，感觉仿佛来到地狱一样。再加上 20 世纪 30 年代，英国官员在此射杀一只鸟大喊"地狱"后便死去了，由此引出地狱的名字。有商业头脑的人就利用这个地名在此开办了一家"地狱邮局"，从这寄出的明信片盖有"地狱"字样的邮戳，吸引许多好奇的游客纷纷前来，生意非常火爆。

从"地狱"向东步行 4 公里，来到北海峡岸边。这里聚集着很多潜水者，跃跃欲试准备下海。潜水是大开曼岛旅游业的支柱产业，仅这一项，年收入就达上千万美元。这里独特的地理条件，非常适宜潜水，这是其他地方很难比拟的。开曼群岛恰好处在开曼海沟的边缘，沟长达 8000 多米，是加勒比海的最深处，岩边的礁壁错落有致一直沿伸到海底，在原始礁壁旁有大量海洋生物，如珊瑚林、象耳海绵，之间穿插游动着各式各样的鱼类，五彩缤纷，成为最美妙、最动人的海底世界，被誉为加勒比海地区的"潜水之都"、"水下世界"、"水下首都"。

为此，开曼群岛周围的潜水点星罗棋布，每年吸引全世界 10 万多潜水爱好者前来光顾。而潜水最著名的地方则是 Stingray City 水域，这里集结了无数的魟鱼，又称"魔鬼鱼"，潜水者可随意触摸、接近。这是一种特有的

* 海底世界多姿多彩

鱼种，铺开的面积如床单一样大，虽名为"魔鬼鱼"，其实它们性情特别温和，不会伤人。

* 潜水归来

大开曼岛不单是"旅游胜地"，还是"避税天堂"，这两项源源不断的收入让其成为加勒比海地区最富有的岛屿，人均收入位居第一。

我的驻地在教堂路，紧靠阿格兰屋（Ugland House）办公场所。就是这座 5 层高的楼，为 1.8 万多家公司提供了办公场所，其中包括百度、阿里巴巴、新浪、可口可乐、汇源果汁等等。据工作人员介绍，全世界在这里注册的银行和信托公司达 300 多家，保险公司近千家，对冲基金一万多家，各类公司加起来达 10 万多家。开曼岛成为著名的离岸公司注册地众目所望，每年平均有 4300 家公司在此注册成立。它和英属维尔京群岛、百慕大并称三大离岸注册地之一，岛上财政收入大部分来自于此，可谓坐享其成。再者，全世界最大的 25 家银行及 700 多家中型银行都在开曼岛设有子公司或分支机构，岛内的金融业、信托业这两项总资产已超过 2500 亿美元。开曼群岛，成为加勒比海地区最大的金融中心当之无愧！

开曼群岛，最火爆的潜水之都！

开曼群岛，最热门的避税天堂！

* 大开曼岛上的主街道

* 街头人物雕像

小开曼岛的海盗洞穴 ●●●

　　小开曼岛处在大开曼岛的东北部，是开曼群岛中最小的岛屿，东西长15公里，最宽处仅1.5公里，是一个条状海岛。

　　走在小开曼岛上，它不像大开曼岛那样繁华热闹，而是非常宁静。这里生长着大片大片的丛林，都是没有被开垦的处女地，曾是个没有人烟的小岛。随着旅游业的发展，这里开辟了"海盗角度假村"、"自然保护区观察屋"、"海盗博物馆"、"贝壳俱乐部"及60处潜水点。

　　海盗博物馆是当地一位知名人士理敦·蒂波特开办的一家私人博物馆，馆里收藏了昔日海盗的用品，展示了海盗的生活。开这家博物馆的主人，目的是为了记录历史，保护海盗文化。小开曼岛曾是海盗的藏身之地，有大批的海盗居住在这里。

　　海盗的住所并不是什么房屋，而是洞穴。洞穴是小开曼岛上的一大景观，都处在海岸上。因小开曼岛周围及海岸布满珊瑚礁，而形成了很多洞穴，有的洞穴与大海相连，每当海水上涨或大风吹动时，水浪就从洞穴喷吐出来，冒出10多米高的水柱，蔚为壮观。

＊ 竖立海盗雕像让看客回忆历史

＊ 小开曼岛等待潜水的人们

洞穴是海盗藏宝的极佳之地，在小开曼岛很多洞穴中都藏有海盗们的金银财宝。史蒂芬森的《宝岛》一书写的就是这里的洞穴。加勒比海地区共有 10 处海盗活动猖獗之地，其中就包含了小开曼岛。在哥伦布来到之前，

* 开曼群岛海岸布满珊瑚礁洞穴，成为海盗藏身藏宝之地。

海盗常常将这里作为中转站和基地，有名的海盗黑胡子——爱德华·蒂奇就常常光顾这里。

在小开曼岛西端有一个血腥湾，当年这里曾隐匿着大批海盗，这些海盗将自己的船埋伏起来，等看到来往商船就突然袭击，抢劫财物，然后再把抢到的财物存放到洞穴中。后来英国了解到这一情况，便委派一支武装力量，将海盗围歼，从此之后，这个地方便改称"血腥湾"。

1722 年，托马斯·安斯蒂斯的海盗船开到这里时，被英国军队击沉，这场战争死伤了很多船员。如今，小开曼岛利用悠久的"海盗文化"，每年 9 月份举办一次为期一周的"海盗节"，吸引了众多的各国游客。

温馨提示

开曼群岛是英国属地，只要有英国的签证即可前往。但没有北京直飞的航线，需要从英国、美国、加拿大多国转机。也可从牙买加、巴哈马乘机直接前往，还可以乘加勒比海邮轮到达。开曼群岛非常欢迎企业和商务代表团前往开办金融业务，当然也欢迎自助行、自由行的客人。开曼群岛是一个成熟的度假胜地，安全保卫都没有问题，只管大胆前往。目前，世界各地尤其是欧美人去的很多，它已成为一个国际型旅游、度假、消闲的场地。开曼群岛非常美丽，是潜水者的向往之地，是避税的天堂。

第四章

巴哈马群岛

海盗猖獗的海域

巴哈马群岛有上万平方公里的面积，散落着大大小小数以千计的岛屿、岩礁和数不清的珊瑚礁，可谓星星点点、密密麻麻。众多的岛屿、礁石、海湾、峡湾，造就了复杂的地形，为海盗提供了得天独厚的藏身之地。为此，这里的海盗之多，在加勒比海地区位居第一。巴哈马，曾是海盗出没最多的国度。特克斯和凯科斯首府，还专门设置了海盗广场……

海盗出没最多的国度巴哈马 •••

湛蓝的天空，雪白的云海……

飞机在高空飞翔……

透过朵朵飘动的薄云，依稀可见大海中散落着一座座小岛、一处处岩礁、一片片浅滩，星星点点，密密麻麻，点缀在蓝色的大洋中……

这就是巴哈马群岛。巴哈马国就坐落于群岛之上。

巴哈马（Bahamas），是一个岛屿较多的国家，共由 723 个岛屿、2500 多个岩礁、数不清的珊瑚礁组成，素有千岛之国的美称，巴哈马面积 13939 平方公里，人口 34 万，其中 20 个岛屿上有人居住。

* 土著人穿传统服
饰迎接客人

巴哈马是加勒比海最富裕的国家之一，以"旅游者的天堂"和"加勒比的苏黎世"而著称。

巴哈马昔日是海盗猖獗之地，为此有人戏称这里曾经是海盗出没最多的国度。

飞机徐徐降落在巴哈马群岛中的新普罗维登斯岛，首都拿骚（Nassau）就坐落于这个岛上。接机者是一位当地黑人，翻译兼向导，名叫宗巴依斯。"首都所在新普罗维登斯岛是一个很小的岛，长34公里，宽11公里。"他说。

* 拿骚主街

汽车向首都拿骚市区飞驶。宗巴依斯介绍："'巴哈马'这个名字是由西班牙语延伸出来的，是浅滩的意思。因为巴哈马群岛多是由浅滩风干而形成的岛屿。各岛均为石灰岩岛，地势低平，最高海拔仅63米。有的岛屿刚刚冒出海平面，还有的岛几乎与海平面持平，只浅浅露出白色的沙滩，煞是美丽。1492年，当哥伦布第一次登上小岛后非常震惊：这里才是世界上最美丽的地方！乔治·华盛顿登岛后感受着爽朗的气候，赞叹这里是永远的6月！巴哈马，是加勒比海地区最好的度假胜地。"

说到哥伦布，不能不回望巴哈马的历史。宗巴依斯说："岛上最早的居民是当地土著人。然而自西班牙人登岛后，当地人或被强制劳动，或被残杀灭绝。后西班牙人又从非洲运来大批黑奴。1647年，这里转而受英国统治，1964年巴哈马获得内部自治权，1973年宣布独立。"

转眼，汽车开进拿骚市区。拿骚？怎么起了一个这样的名字呢？我有些不解，这个名字大有淫秽、放纵之感！原来，这座城市是以英国亲王拿骚的名字命名的。

* 罗森广场维多利亚雕像前上岗的卫兵

拿骚，这个不到20万人的城市看起来很小，只见短短的街道，窄窄的马路。路旁坐落着很多殖民时期的建筑，有红色、黄色、蓝色的，有园形、梯形、尖塔形的，错落有致。

在向导宗巴依斯带领下，首先走进海盗博物馆。它是加勒比海地区唯一一个海盗博物馆，地处步行街，是一座典型的殖民时期老建筑，整个楼体呈深红颜色，外墙画有很多海盗的图像，大门为海盗装饰，门卫穿着海盗服装，边门出售海盗工艺品……

海盗、海盗，眼前、身旁，我被"海盗"裹挟着……

步入海盗展厅，海盗船、海盗枪、海盗刀、海盗炮、海盗剑、海盗灯、

* 海盗博物馆墙壁上画满海盗头目头像

海盗绳等等，满目皆为海盗的用具，那些海盗抢窃之凶器一一展现在眼前，刀光剑影，杀气腾腾！

解说员介绍："在18世纪上半叶，严格说是1690年至1720年，这里的海盗十分猖獗，巴哈马仅拿骚就居住着3000多名海盗，可以说拿骚是海盗的老巢。海盗将抢来的金银财宝，或藏于洞穴，或藏于岩缝，或运回内陆。"

3000多名海盗？这是一个多么惊人的数字！据讲解员说，当年海盗抢劫出入加勒比海的船只，是残忍血腥的杀戮，不给物就要命，他们不知谋害了多少生命，掠夺了多少财产。

* 扣人心弦的海盗船

* 海盗出动的模型

　　"巴哈马作为海盗的老巢，是因为这里有数不清的小岛，密布着很多沙洲、礁石和海峡，地形十分复杂,为海盗船提供了得天独厚的藏身之地。同时，海盗利用有利地形，引诱船只到海礁地带，逼迫船只触礁，然后海盗们再上船抢劫。"

※ 海盗船里的海盗生活设施和活动场所

※ 住仓

这时，向导宗巴依斯讲起著名海盗黑胡子的故事。他说："当年，黑胡子海盗曾隔三差五以巴哈马群岛为基地四处伏击。黑胡子的船上挂满了人骨，充斥着浓浓的血腥味，极为恐怖。他掠夺过往船只，从没有失手过。黑胡子成了远近闻名的海盗大王。凡是在加勒比海行船者，只要一听黑胡子海盗，就会丧胆丢魂。"

据悉，在加勒比海地区，共有十大海盗岛，其中有巴哈马、开曼群岛、海地、瓜德罗普岛、牙买加、圣克洛伊岛、英属维尔京群岛等等。

参观海盗博物馆，见证历史，回味历史，让人思绪万千……

出了海盗博物馆，专程前往位于拿骚西部的夏洛特堡，那里曾是海盗经常出没之地。这座城堡建造得十分雄伟，十多门大炮面向大海，严阵以待。据介绍，这是英国政府于 1718 年为镇压海盗而修筑的。走进堡垒地下室，它像迷宫一样转来转去，稍不留神就会迷失方向走不出来。在城堡地下洞穴内，展示了昔日海盗掠夺的金银财宝，海盗使用的武器及生活用品。

在拿骚，与夏洛特堡遥遥相对的是芬卡斯尔堡。

我跟随宗巴依斯向导走进一个又深又窄的谷地，沿着 66 层石头台阶拾级而上。据介绍，这个多层台阶被称为"王后阶梯"。登上最后一级台阶，

* 夏洛特堡

* 芬卡斯尔堡

* 王后阶梯

眼前出现了一座船形城堡，这就是有名的芬卡斯尔堡，于 1793 年建造，已有 200 多年的历史。城堡顶部摆有 3 门大炮，也朝向大海。城堡展室内同样陈列着海盗的武器。

在拿骚，还有一处圆形建筑，凸显殖民特色。据向导介绍，那是过去的监狱，是关押海盗和犯人的地方。

拿骚最繁华最有魅力的街道为海湾街，这是殖民时期修筑的一条最古老的街区，两边皆是英国统治时期的浅色建筑，历史感非常强烈。街道虽然不长，却极有特色。

漫步到罗森广场，眼前豁然开朗，这是拿骚的中心，整个市区由此向四周扩散。广场上坐落着议会大楼，竖有维多利亚女王像，立有零公里石碑。这个广场是全国的政治中心，也是群众集会活动的场所。

政府大楼坐落在一个高坡上，是一幢白色和粉色相间的建筑。这座楼建于 1803 年，融合了英国和巴哈马风情，很有特色，尤其是通向大楼的百米长阶梯，更加显示建筑的气魄和神采。石阶中间竖立着仰天长望的哥伦布雕像，与殖民色彩的建筑浑然一体，这里应该是拿骚的地标。

拿骚最迷人的地方是北部的天堂岛。当驱车通过新修的天堂岛大桥来到此地时，便被这里迷人的风光所吸引。白色的海滩，绿意盎然的高尔夫球场，惬意的度假村等等，这里是享受生活的绝佳之地。

在拿骚，还去了乔治王子码头、英殖民希尔顿大楼、基督教大教堂、国家图书馆、斯特罗市场等地。

拿骚，不到一天就走完了！巴哈马的首都实在太小了。但，拿骚小的秀气，小的迷人，尤其是充溢着十足殖民色彩的建筑及天堂岛的风光，令人流连忘返……

走完巴哈马主岛上的拿骚城区后，又去了猪岛。猪岛，因散集着很多猪群而得名。猪是过去一位船员途径这里时有意放逐的。哪知，猪在这里存活下来并繁殖生长，现在成了一大景观。

巴哈马，昔日海盗的集聚之地！

拿骚城，今天旅游的绝美天堂！

* 天堂岛上的特色建筑

* 天堂岛风光

海螺世界特克斯和凯科斯（英）

海阔天空，浩瀚云海。

银燕在大西洋上空滑行。

透过机窗，依稀可见海平面上的岩石、海礁和航船……

当飞机掠过巴哈马群岛时，深蓝色的海平面渐渐变成灰白，继而出现许多小小的岛屿和岩礁，还有大片大片的白沙滩，这就是我要踏访的特克斯和凯科斯群岛（Turksand Caicos Islands）。

特克斯和凯科斯群岛坐落于巴哈马群岛的东南端，东临大西洋，西同古巴隔水相望，南距海地145公里。特克斯和凯科斯群岛由两个群岛组成，东边是特克斯群岛，西边是凯科斯群岛，中间由特克斯海峡相隔，边上浮出大西洋海面30多个小岛，总面积430平方公里，人口4.6万，90%是黑人。

飞机降落在特克斯群岛中的主岛大特克岛上，首府科伯恩城（Cockburn Town）就设在该岛，是政府所在地，城区居民4000人。

* 主岛大特克岛水域如镜

从机场通往驻地的公路上只见这个只有 18 平方公里的小岛上，遍地是白色的石灰岩，在阳光下反射得十分耀眼，与绿色的灌木丛形成鲜明的色彩对比。据向导介绍，特克斯和凯科斯群岛中的小岛坐落在面积 5500 多平方公里浅浅而广袤的石灰石沙洲上，这个沙洲为海洋生物提供了得天独厚的生存环境。沙洲上皆是海草，成为海洋生物极好的食料。正因如此，这里生长着很多贝类、双壳类和软体类海洋动物，还有海参、海胆、龙虾及鱼类。最有代表性的是海螺，这里是世界著名的海螺产地，海螺成了这个群岛的符号和代名词，有"海螺岛"之美称。这里拥有世界上最大的海螺养殖场。

来到驻地，接待大厅的墙面上，挂满了有关海螺的形体画和示意图，外观的、剖面的、内壁的，粉红的、浅黄的、淡蓝的，多种多样，一时把来客带到海螺的境地，就连沙发也装饰成海螺式样。海螺，在这个岛上深入人心。

这里，曾经是海盗的出没之地，猖獗之地。首府专门设置了海盗广场。

我的驻地紧靠海盗广场。这里是购物和娱乐中心及休闲地带，在等待司机期间，旁边海盗广场上的雕像引起我的注意，于是走上前观赏。海盗广场上多是一些海盗群雕，海盗有挥刀的、有持枪的、有举斧的，张牙舞爪，很是骇人。不过有趣的是，还有一些海盗吹着螺号、吃着海螺、拿着海螺，看来海螺与海盗也联系在一起了。开车的司机来了，发现他的头部和脸部装束非常像海盗，惊异之下，我便请他一起合影。

科伯恩城中，有公元 1832 年宣布奴隶解放的怪汉楼、国家博物馆、总督官邸、滑铁卢大厦和城南基地等。博物馆设在最古老的石头建筑吉尼普大厦。城南基地是 1962 年美国第一位进入地球轨道的宇航员约翰·格莱恩，在"水星号"宇宙飞船座舱坠落后从这里上岸，自此这个岛为世人所知。

其实，科伯恩城不大，按照行程计划，将用大半天的时间走完环岛。环岛行的第一站是大特克岛文化中心，这是一处不大的房屋，墙上挂满了土著人使用过的弓箭、鱼叉、鱼网、贝壳、椰壳、木雕、石刻等，还有各

* 海盗广场上的持刀海盗
和他身后船杆上被污辱
吊起的女性

* 海盗装束的司机

式各样的海螺壳。这里看来不像文化中心，倒好似一个收藏馆。这时，一个中年男子走进来，他指着屋内的文物说："这是从岛上土著人手中收来的物品，从这些物品可以看出我们土著人的原始文化，进而记述了岛上的悠

* 岛上文化中心陈列室

久历史。"

　　这里最早的原住民是卢卡约斯部族，于公元 700 年前从海地和巴哈马迁来。他们开始住在大特克岛东北角，后来又陆续有印第安人和阿拉瓦克族迁来。因为考古专家在这里挖掘出了人骨、龟壳珠、珠母项链、绿岩斧、船桨等，特别是出土了很多海螺壳制作的工具，证明这一海域很早就有海螺生长，并有了食用海螺的习惯和历史。1512 年西班牙人最早登陆并发现该群岛。1766 年转而成为英国殖民地。1799 年归巴哈马管辖。1873 年后并入牙买加。1962 年牙买加独立后，该岛仍为英属殖民地。1972 年英国女王第一次任命主管群岛的总督，直到现在仍由英国管控。

　　介绍完岛上的历史文化，讲解员转而拿起一个海螺壳，开讲"海螺文化"。海螺，可以说是伴随着这里土著人的繁衍生息发展壮大的。早在哥伦布发现新大陆以前，特克斯和凯科斯群岛乃至加勒比海地区就有着捕捞、食用海螺的习惯，现在全岛每年收获海螺 400 多万个，其中本地人吃掉 150 万个，出口 250 万个。海螺不仅是餐桌上的美味佳肴，还是装饰品，特别是一种外唇为粉红色的"女王海螺"，学名叫巨凤螺，外形透红亮彩，非常美丽漂亮。这里的人们习惯把这种海螺摆在桌上、柜中、窗下、凉台，就连宅院的墙脚、门口、树旁、花池、甬道也用海螺装饰。这时，解说员拿出一堆样式不一、

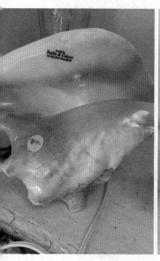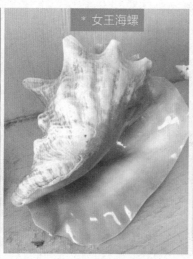
* 女王海螺

颜色不同的海螺展示，其中有粉色的、黄色的、棕色的、白色的等，有锥形的、角形的、柱形的，真是色彩斑斓、异彩纷呈，彰显了"海螺文化"的多样化，展示了海螺的艺术魅力。

离开文化中心，驱车行走的第二站来到 Chalk Sound 水域国家公园，若直接翻译名为"粉笔声音国家公园"，其实这里与"粉笔声音"没有任何关系，不过是一个地名。这是一个 3 公里长的海湾，被誉为"绿松石"。这里大自然的颜色整齐划一，广袤、蔚蓝，无数像宝石般的小岛镶嵌在大海中。我慢慢走向海滩，随着视线跟海平面的接近，眼前突然出现许多海螺，它们自由自在地游着，好像在说：我是大海的主人，是我主宰着这里的水域……

* 海滩海螺比比皆是

汽车继续沿环岛公路前行，突然一个急转弯，右行拐进一片沙滩，停在一个名为"大海螺小屋"的地方。这是大特克岛的一个著名景点，也是美餐海螺极佳之地。时近正午，看来要在此地用餐了。下车漫步，这个海湾要比"绿松石"海湾漂亮得多，那白色的沙滩像弯月伸向远方，海平面像明镜展在蓝天下，低矮的丛林像翡翠堆积在海湾。大自然如此之美，海岛如此之妙，在大特克岛，春风沉醉。缓步踏行在细细的沙滩上，惊奇地发现，随着海浪的翻涌，一只只海螺不断被冲到海滩上，赤身祖露在沙面上，一动不动。这时，一位土著人提着桶，边走边捡拾，不一会就捡满了一桶。我跟随着他走上岸，只见这位土著人将海螺肉一一挑出，然后放在树墩上用锤头砸，直到成为肉泥，再送餐厅里去加工。

餐桌就摆在沙滩上，一盘盘热气腾腾的海螺肉端上来，对酒当歌，人生几何？我和几个黑人小伙及向导兄弟，一齐坐上餐桌，饱尝海螺的美味……

酒足饭饱，几个当地人提着一篮子海螺壳过来叫卖，10美元一只，非常漂亮。忍不住买下一只留做纪念，这是特克斯和凯科斯群岛，盛产海螺之地，太有意义了！

考察的最后一站是海螺养殖场。这是一处浅水海湾，只见一片片圈起来的水域，一池池围起来的海面，一座座银白色的繁殖用房，这就是当地最大的海螺养殖场。场长带我参观了繁殖中心、幼种基地、发育区、实验室等。在优种养殖地，场长还特意从水中分别捞出一公一母两只海螺，讲解区分雄、雌的方法和标志，叙述它们初恋时的状态和活动场景。场长不仅钻研养殖

* 加工海螺肉

* 大海螺小屋旁出售各式各样的海螺壳

* 坐落于海边的海螺养殖场

* 养殖场场长讲解雌雄海螺的标识

技术，还酷爱螺雕，在他的展厅里，摆放着很多螺雕艺术，特别是卷心形粉红色的"女王海螺"，雕刻得美丽生动，让人心醉，不愿离去。它们将这个孤单的工作场地装饰得如此丰富多彩。

大地掩埋在夜幕中，海浪翻卷拍打着堤岸，而大特克岛是宁静的，在星空中沉沉入睡！迎着月光，我走进唯一一家中餐厅，又是一顿海螺大餐：炒海螺、煮海螺、炸海螺、熏海螺……

海螺、海螺、海螺！"海螺"二字是当地叫出频率最高的一个名词！特克斯和凯科斯群岛，让你领略什么叫海螺世界……

温馨提示

巴哈马、牙买加和古巴三国被称作加勒比海旅行最热门的三大岛国，也是被中国各旅行社列入的常规线路。巴哈马对中国公民免签，不需到巴哈马驻中国大使馆办理签证。但是目前中国没有飞巴哈马的航线，需要从美国、加拿大等国转机。从美国的迈阿密去巴哈马不论乘飞机还是坐轮船都更为方便，仅需 200 美元费用。巴哈马及所在的群岛实际上并不在加勒比海之内，而是处在佛罗里达海峡口外的北大西洋上，但人们习惯把它列入加勒比海地区。到巴哈马不必担心安全问题，当地人不会挟持外国客人，可以自由自在地行走活动。这里最大的看点是追寻海盗的踪迹，因它曾经是海盗活动最猖獗之地。这里还有一个猪岛，岛上到处都是猪群。

第五章

伊斯帕尼奥拉岛

一岛双国

  伊斯帕尼奥拉岛，又名海地岛，是加勒比海中的第二大岛，仅次于古巴，面积为 7.6 万平方公里，人口 1900 多万。此岛分属海地和多米尼加共和国两个国家。其中海地占三分之一，多米尼加占三分之二。一岛两国是历史造成的。1492 年哥伦布首次登陆此岛并命名为西班牙岛，并在该岛建立了欧洲人在美洲的第一个殖民地。1640 年，法国将该岛西北的托尔提岛据为己有。1665 年，法国在该岛西部三分之一的地盘建立了法国殖民地。1791 年，法国统治的地盘中黑人爆发起义，并于 1802 年成立了海地共和国。

震后海地太子港 ●●●

海地（Haiti），这个加勒比海的小国家，原本并不出名，自 2010 年发生强烈地震后，海地的名字便出现在世界各国的新闻报道中，首都太子港（Port-Au-Prince）也进入世人的视线。

当飞机飞抵太子港上空，俯瞰城区依稀可见大批倒塌的房屋、坍陷的街道，残垣断壁，一片废墟。地震已经过去多年，这里仍没有恢复元气，依然满目疮痍。

飞机降落在太子港国际机场，停机坪看上去不是很大，起落的飞机也不多，最扎眼的是停靠的两架银灰色美国军用飞机，从此可见海地仍被美国掌控。

刚走出机场，一下子围来五六名身着黑色衣服的男士，争抢着帮助提拿旅行箱。我没有推托和拒绝，由着他们把箱子放到车上。拿到小费后他们高高兴兴离去。机场广场略显寒酸，停靠在此的汽车大都破旧不堪，甚至有的汽车已经锈成一堆烂铁样，照旧停放在那里。

* 超载小汽车横冲直闯

通往城区的公路有些陈旧，窄小而曲折，人力车、三轮车、皮卡车、小客车，杂行于此。那些棚式小型客车门外还扒着些人，车一边走着，一边上下人，成为海地首都独特的现象。还有一种"达普"公交车，上面绘满彩色的图案，成为一道城市风景线。马路两边有很多衣不遮体的闲散人员，他们无聊地斜靠在墙根东张西望，一旦哪里有点事便一拥而上看热闹。

半个小时车程进入市区，仍然是一片杂乱无章。马路两边的房屋破败

* 脏乱差的街头小吃

陈旧，有的已经倾斜，有的裂着大缝，有的坍陷一半，还有的全都倒塌。沿街，卖小吃的，出售水果的，叫卖声、吆喝声接连不断。只有路上的学生衣着还算整齐，职员的穿戴也还算可以，除此之外，街头百姓几乎全是衣衫破旧，半裸身体。这里的人们喜欢扎堆，三五一群围在一起聊着天。

　　穿过一道道马路，经过一个个街区，来到市中心的大教堂前，这是太子港的标志性建筑，但已失去了往日宏伟的气势，凄惨一片：钟楼、前墙、屋顶全都倒塌，只剩下残缺的断壁、窗棂，门檐也已成碎碴。若不是在乱石中挺立的十字架，谁能知道这片破烂不堪的残垣原是宏伟壮丽的教堂？教堂周围的所有建筑已夷为平地，显露不出城市的痕迹。在断砖碎瓦的土堆旁，搭建了很多临时帐篷，不断看到像难民一样的人出出进进，其中一位在接受采访时介绍说："地震时这里是伤亡的重灾区，死了很多人，遍地尸体。"

* 坍塌的教堂留下一角

　　从教堂广场来到市中心的商业区，这里除了一座红色的牌楼外，四周的建筑几乎都倒塌了，大片大片成堆的砖瓦成了垃圾，尘土飞扬，纸屑便地，污水四溢，散发着恶臭。沾满污秽的猪和浑身是土的狗窜来窜去，还

* 幸存的红牌楼下一派乱象

* 太阳城已不再阳光

有成摞成摞从废墟中搬出的桌椅板凳、衣柜床铺和盆盆罐罐，一片残象。还有很多人正搬运着从国外运来的物品，他们个个满头大汗，眉宇间流露出伤感和沉痛。

斯特索勒尔是贫民窟，"斯特索勒尔"在当地语中意为"太阳城"。杜瓦利埃总统执政期间，在太子港边缘地带辟出一块空地，安置了内地上千贫困户。当时把这里冠以"太阳城"之名，不想后来内地的贫民们蜂拥而至，纷纷搬迁到此，此地逐渐扩展成为30万人的贫民区。我们驱车来到这里，因地震此处几乎成了废墟，只见木料、纸板、铁皮搭建的棚屋半躺在石砾上，污水满地，蚊蝇四起，三三两两衣衫褴褛、蓬头垢面的孩童正在拾捡垃圾，满目悲凉，不忍直视。

独立战争英雄纪念碑广场是太子港的政治中心，附近是总统府、议会大厦、博物馆和政府机关所在地，这里街道明显宽大，视野相对广阔。英雄纪念碑还巍然屹立，没有受到地震太大的影响，而总统府已经塌陷，歪歪斜斜沉积在地上，其他建筑都遭到不同程度的破坏。在广场一侧，陪同的外事部门何女士介绍了当时地震的情况。

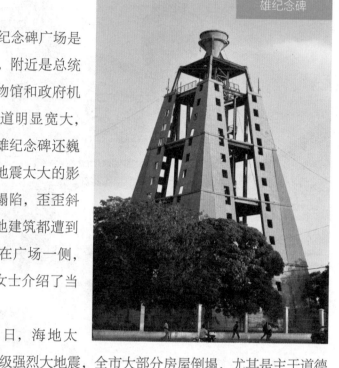

* 遭到破坏的英雄纪念碑

2010年1月12日，海地太子港发生了里氏7.3级强烈大地震，全市大部分房屋倒塌，尤其是主干道德尔马斯路两旁的建筑被夷为平地。地震发生后，所有通讯设施全部中断，幸存者惊慌失措，绝望地从瓦砾中挖掘被埋的亲人，呼喊声、救命声、哭泣

* 搬运救灾货物

* 等待救灾物资

声连成一片，死亡人数达 22 万多人。海地地震的消息很快传遍全球，美国军队第一时间进驻太子港国际机场，联合国秘书长潘基文向各国发出救援号召。中国与海地虽没有外交关系，但当即派出救援队抵达海地，携带价值上亿元的救灾物资展开援救。在这次援外抗震救灾中，中国共牺牲 8 名维和救援人员。

何女士对中国的支援深表感谢，对在救援中牺牲的中方人员表示惋惜。接着，她又介绍了海地的历史。

海地共和国是一个岛国，印第安语意为"多山的地方"。它南临加勒比海，北濒大西洋；东接多米尼加，西与古巴、牙买加隔海相望，总面积 2.77 万平方公里，人口 971 万，其中首都太子港 250 万人。海地是美洲地区第一个独立的黑人国家，黑人占全国总人口的 95%，因此有"黑人共和国"之称。海地是世界上最为贫困的国家之一，也是世界上最不发达的国家。海地岛上原来住有 100 多万印第安人，主要为泰诺人。1492 年哥伦布发现了这个岛，并在今天的海地角建立了纳维达德城堡，1502 年海地沦为西班牙殖民地。由于当地印第安人难以忍受西班牙统治者的压迫，再加上天花病情的侵袭，1544 年岛上的原住民全部绝迹，这里的黑人均是西班牙人从非洲贩卖而来的。

穿过马路人群，走过街头巷尾，在何女士的带领下来到总统住宅踏访。这座总统住所坐落于城区中的一个半山坡上，没有受到地震的影响。走进宅院，仿佛来到了森林公园，这里种满了高大的椰林和棕榈树，

＊总统官邸

还有丛生的灌木。林里树间，间或竖立着一些雕刻，还有神、鬼之类的塑像，据说这是用来避邪的。总统住宅是一幢三层高的小楼，一层是接待室和存有古董、艺雕、图画的房间，二楼有卧室和书房，三楼是贮藏室。楼的背面是一个后花园，可以望到大海和闹市区。

在总统接待室，一位工作人员讲述了海地因政局不稳导致经济衰退的情况。他说，海地自从独立后政局一直动荡，独裁者不断被推翻。从海地独立到1915年一百年间共有90名统治者相继上台。1915年美国介入后扶植多个傀儡统治者。1956年亲美的总统马格卢瓦尔被推翻后的第二年杜瓦利埃上台，直到1986年被推翻，独裁者杜瓦利埃被迫逃往国外，结束了杜氏家族的长期统治。之后海地实行军事统治。1991年海地第一位民选总统阿里斯蒂德宣誓就职，后以塞德拉斯为首的军人发生军事政变，阿里斯蒂德流亡国外。海地人被推向灾难中，有30万人出逃。1994年阿里斯蒂德重新回国执政。1996年在大选中普雷瓦尔当选总统，这是海地第二位民选总统。2000年阿里斯蒂德再度被选为总统。2004年叛军迫使阿里斯蒂德逃离他国。2006年普雷瓦尔又当选总统。没过几年米歇尔·马尔泰利上任总统。总统的频频更迭是导致海地经济不佳的主要原因。

太子港郊外的巴巴卡特制酒厂没有受到地震的影响，完好无损。厂长在接受采访时说："这里的车间厂房建造的都比较坚固，经受住了这次大地震的考验。"这是一座百年老厂，我从投料、粉碎、加热、酿造到储藏，一一进行了参观。这是甘蔗经碾烂等一系列加工，最后转为烈酒的过程。据厂长介绍，他们运用的是古老的传统技术，酿造出精良的美酒，产品销往整个加勒比海及欧洲市场。

从这家酒厂的成功运营，可以发现海地总体状况不好，并不仅仅是因为地震。海地是全世界最贫困的国家之一，而在拉美及加勒比海地区，海地的贫困程度没有"之一"只有"最"。据统计，整个海地60%的人口失业，70%以上的人口没有解决温饱，处在贫困线以下，80%的人是文盲，80%的人口没有用上自来水，90%的地区没有电……

这就是海地，一个极度贫困的国家。

这就是海地，一个连温饱还没能解决的国度！

＊ 酒厂中的雕像栩栩如生

去往海地角古堡群 •••

海地是世界上最贫困的国家之一，但它却拥有一处被联合国列为世界文化遗产的地方——海地角国家历史公园。公园里有很多古建筑群，这在加勒比海地区是少见的，引众多外国游客前去参观。

首都太子港距海地角 130 公里山路，大约需要 4 个多小时车程。在何女士的引领下，我们下午 3 点钟从太子港出发前往。

汽车在崎岖的山路上行驶，上下颠簸，左摇右晃。没有预料到，去往海地角的路况如此之不好。

* 去往角堡的路上

翻过一座座高山，涉过一条条河流，穿过一道道沟壑，当路过一座城市后，我们在一个叫诺瓦耶的村落停下来。这里是一处度假胜地，有沙滩、湖水、椰林，还有高楼酒店，一些游客正在休闲娱乐。林间湖岸，当地人在兜售手工艺品，令人注目的是，艺术家们将破旧的金属皮加工成为艺术品，向来客展示销售。

我在这里稍作休息后继续前行。又经过一处处农贸市场、乡间村落、舞台庙会，看到海地乡下的风土人情和生活状况，体味一个不加修饰的海地，一个真实的海地。当时针指向下午 7 点多钟时，夜幕降临，大地一片黑暗，村舍中一点灯光都没有。海地 90% 的地区没有电，除城市外哪里有电灯呢？只见马路上都是摸黑行走的人们，连手电都没有，只在农舍里偶尔有油灯闪烁。

汽车在暗夜里艰难地走了好长一段石子路，晚上 8 点半才到达海地角，全程花去 5 个多小时。海地角被淹没在夜空中，冷冷清清，这里没有几条街道，两旁多是法式殖民地建筑，古色古香。

海地角是海地的第二大城市，为北部省首府，位于北格朗德河河口，有 10 万人口。海地角 1670 年由法国人始建，原名"法兰西角"，有"安地列斯群岛巴黎"之誉。海地角最著名的，是它郊外起伏连绵山脉中的名胜古迹——城堡、无忧宫和堡垒诸多建筑群，现已开辟成国家历史公园，这也是海地整个国家最大的亮点。

海地角的一夜是难忘的，听着海涛声，伴着汽笛鸣，入眠了……

凌晨 4 点，我们出发了！去往城堡，去往无忧宫……

沿途，茅草农舍，篱笆宅墙，模模糊糊出现在黎明前的曙光中；远山、丘陵、树木像木刻一样悬在天体上，大地还沉浸在夜幕中。

经过一个多小时的车程，我们来到一处山脚下。晨光里，我看到一个木牌竖在那里，上面写有一串英文字母，翻译成中文为：海地国家历史公园城堡及桑斯苏西宫和拉米尔斯堡垒。1982 年列为世界文化遗产。抬头仰望见到山顶上的城堡巍然屹立，好像在向我招手：上来吧！

攀岩到山巅之上的城堡，谈何容易？

正当纠结之时，忽然十多匹马围了上来，那是当地农民专门准备载客人上山的交通工具。但见一匹匹马儿腰肥体壮，生龙活虎，嘶叫着靠向你的身边。何女士走过来介绍："这是规矩，上城堡必须骑马，这样安全可靠，还能增加当地农民一份收入。"我交给牵马人 30 美金，紧握马绳，登山了！

牵马人是当地一位土生土长的农民，名叫特瓦德利，他对于坐落在家

牵马人迎候上城堡客人的到来

骑马奔上巍峨的山巅城堡

门口的城堡等古迹了如直掌，还非常健谈，一边走一边向我介绍景区古建筑的历史由来。

　　他说，这座城堡是一位黑人领袖创建的，名叫亨利·克里斯托夫。1794年亨利等黑人团结起来，组织了一次黑人暴动，目的是推翻殖民者，但是最终失败了。1802年亨利等黑人再次起义想推翻法国人在当地的统治地位，而这次暴动取得决定性胜利。1811年，亨利成为国王，统治海地北部的海地角。亨利称王之后，为了攻固政权，以防外来侵略，尤其是害怕法国人重新返回灭掉黑人王国，于是决定建造一座宏大的城堡。亨利专门外请了一位工程师设计，动工后调来了成千上万的民工日夜奋战，抢运石料，搬运砖瓦，付出巨大的牺牲和代价，最后才完成了这一浩大的山巅城堡。这座古城堡对全世界来说是自由的象征，因为它是最先由获得自由的黑人奴隶自己建造的。

　　经过40多分钟的骑马攀登，终于到达山顶，一座规模宏大的古城堡展现在眼前：那凌空的石墙，拔地的角楼，坚实的城门，威严的炮台，在初升太阳的照射下，更加折射出它的雄伟和壮丽。太震撼了！不失为加勒比海地区乃至美洲的不可多得的古建筑，令人赞叹、叫好、称道！这是黑人的骄傲！因为它是第一座出自黑人之手的城堡建筑！

　　在当地工作人员的引领下，我们沿城门而进，参观吊楼、地道、炮群、

* 拔地而起，蔚为壮观。

* 炮群

弹药库、指挥台等，并围绕城堡石墙巡环一周，俯瞰远山、海湾、森林、大洋，越加感到这个坐落于三面悬崖一面山坳上的城堡太险要了，确有"一夫当关，万夫莫开"的感觉。

在立有"世界文化遗产"标识的旁边，讲解员述说了城堡的情况。他说："城堡占地一万平方米，城墙因山顶地势而建为不规则的四边形，厚度达3.5米，4个巨大的塔楼高度达40多米。堡内有中心广场、庭院、宫殿、营房、

* 眺望山峦

小礼拜堂、皇室等，其中营房可容纳 5000 人。城堡每层都设有火炮群，一字排开，多达 20 门。1818 年，城堡弹药库遭到过一次爆炸，1842 年遇到过一次大地震，因此被毁，屋顶和宫殿毁坏比较严重，只有 163 门大炮和上万枚炮弹保存完好。"

　　下山的路上，更感慨这座古城堡存在的价值和它留给后人的思考……

　　走下城堡，告别牵马人，来到城堡下的米洛特村旁，这里呈现的是亨利王宫的庞大遗址，只见宽广平台上那高高的墙体，刺入云霄的房架，失去顶篷的空楼，一片残垣断壁，令人伤感。这就是亨利的王宫，名为桑斯

* 庄严的王宫大门

苏西宫，又名无忧宫或莫愁宫。不远处是拉米尔斯堡垒，散落着遍地的根基轮廓，掩埋着半截的墙体，给人以神幻、奇妙之感！无忧宫也是亨利所建，工程浩大，精美秀丽，被誉为"加勒比海地区的凡尔赛宫"。为什么叫无忧宫？据当地人介绍："亨利称王之后，满足于花天酒地的生活，不再忧愁过去的苦难生活，滋长了安逸享受思想。亨利本人没有什么文化，他的17万居民绝大多数也都是文盲，所以眼光也短浅。"

走在无忧宫，面对这座亨利国王创建的美洲最精美的国王官邸，神秘感渐次袭来。无忧宫共4层，桃红色砖墙，红瓦屋顶，整个建筑气势宏伟，矗立在土丘之上。宫中有喷泉、花园、庭院；有双层大理石扶梯、高高的尖顶窗户、精雕细刻的花纹、打磨光滑的木刻，还有亨利乘坐的马车，上面刻有太阳图案，据说是象征"太阳王"。讲解员说："亨利国王是亲民的，常常在这里接见来自乡下的村民，让他们申诉冤屈，解决百姓之间的恩恩怨怨。"

* 粉红色王宫巍然屹立在山上

亨利一世就是在这座玫瑰色皇宫中无忧无虑度日的，天长日久，意志消退，1820年8月，突然一次中风使得他卧床不起，再也无力控制这个王国。与此同时，外来势力和内部的瓦解，群臣也准备抛弃这位瘫痪的国王，亨利一世感到末日已到，便用一根绳子结束了自己的生命。

我特意来到无忧宫亨利身亡之地，房屋已经破败，但仍显露出当年的豪华。讲解员随即讲述了亨利的身世。亨利这位黑人领袖的一生，是对当地极具贡献和有价值的一生。他于 1767 年出生于格林纳达一个黑人家庭，幼年在榨糖厂工作，后来做砖瓦工，12 岁时逃跑后被一条奴隶船上的法国人

* 残垣断壁的宫殿

* 透过王宫门窗俯瞰拉米尔斯堡垒遗址

* 门柱上刻有世界文化遗产标识

抓住带往圣多明各，在那里被贬卖给了德斯坦舰队海军军官。亨利在这名军官周围接触了大量自由战士，其中有很多黑人，他从中得到启发：作为黑人奴隶，今后一定要有所做为，改变现实！他怀揣抱负，坚定志向，最后实现了自己的愿望。

离开无忧宫，在返回海地角的路上，脑海里一直在翻卷着亨利这位黑人领袖，心中一直在回味着城堡、无忧宫和拉米尔斯堡垒。海地虽然是世界上最贫困、最不发达的国家，但是历史上它也曾经有过辉煌，城堡及附属建筑群就是很好的见证！1982 年，当被联合国评为世界文化遗产时，评委评价它是海地人的自由象征！

哥伦布发迹之地多米尼加 •••

时间：凌晨 6 点 45 分。

地点：多米尼加机场通向首都的美洲大道。

汽车在 6 车道的美洲大道上飞驰。左边是茫茫的蓝色加勒比海，右侧是郁郁葱葱的原野。窗外参天高大的棕榈树，伴随着车速的加快，一一快速退到至身后。

这就是多米尼加（Dominican Republic）。从宽敞的马路，疾飞的车速，可见这个岛国的大气和实力，乃加勒比的泱泱大国。接机者介绍："的确，多米尼加共和国是加勒比海地区的一个大国，它占据了仅次于古巴的第二大岛伊斯帕尼奥拉岛三分之二的面积（其余三分之一是海地），4.8 万平方公里，976 万人口。它在加勒比海地区拥有第一高峰、第一大湖、第一大城、第一大教堂、第一所大学、第一家医院。因为是第一个被欧洲殖民的国家，所以在加勒比它也拥有最多的历史遗迹。首都圣多明各（Santo Domingo）古城，被联合国列为世界文化遗产。

拥有这么多第一，看来多米尼加在加勒比应该算得上首屈一指，这与它厚重的历史背景有关。据向导讲述，1492 年 12 月 5 日哥伦布第一次登岸就发现这是一个好地方，因为登陆这一天是星期天，便命名这个地方为"多米尼加"，西班牙语意为"星期天"，并认定这里是建立殖民地最理想之地。后来选择圣多明各建城，以此为起点向加勒比海四周扩充，试图称雄新大陆。但由于这里的海盗实在太多，要想称霸新大陆，是艰难而困苦的，没那么容易。这位发现新大陆的西班牙人一直耿耿于怀，直到 1506 年去世。

哥伦布何许人也？1451 年，哥伦布出生于意大利，自幼喜欢《马可·波罗游记》，幻想远游。1492年，哥伦布带着87名水手驾船离开西班牙开始沿着大西洋远航，实现横渡大西洋的壮举。因为之前世界上没有人横穿过。当时的人们还认为地球是平的，是个大盘子形状。他们在大海中行进了两个多月，1492年10月11日到达巴哈马群岛，但他们并不知道这是美洲，认为这里是亚洲。1493年3月返回西班牙。1493年9月25日哥伦布又第二次航行，先后登陆多米尼加岛、安提瓜岛、维尔京群岛、波多黎各岛，后于1496年6月11日返回西班牙。第三次是1498年5月30日出发到达南美洲北部的特立尼达岛以及委内瑞拉的帕里亚湾，这是欧洲人首次发现南美洲，1500年返回西班牙。第四次航行出发时间是1502年5月11日，他到达伊斯帕尼奥拉岛后穿过古巴和牙买加驶向加勒比海西部，又折向东沿洪都拉斯、尼加拉瓜、哥斯达黎加和巴拿马，并于1503年6月在牙买加登陆。1504年11月返回西班牙。1506年5月20日于西班牙去世。

汽车在加勒比海沿岸继续行驶，哥伦布的故事还在讲述……

突然，向导叫停司机！汽车戛然而止！

走下汽车才发现，马路左侧立有哥伦布雕像，右方建有哥伦布纪念灯塔，这是加勒比海地区最高、最大的灯塔，被称为"加勒比第一灯塔"。在哥伦

* 哥伦布灯塔

布灯塔前，向导介绍说："这是 1992 年为纪念哥伦布到达新大陆 500 周年而建造的哥伦布纪念灯塔，塔的规模不仅在加勒比，乃至整个美洲都是无与伦比的。塔的价值不在于它的高大，而是安放于此的哥伦布的遗骸。哥伦布的遗骸原来放置在圣多明各美洲大主教大教堂，多米尼加包括圣多明各最大的亮点或者值得骄傲的是哥伦布的存在。哥伦布生前曾留下遗嘱，去世后将遗骸安放在他心爱的多米尼加，故而移放到此处。"

仰望这座灯塔，凝视哥伦布雕像，这是一位 500 多年前显赫一时的历史人物！

汽车又开上马路。经过半个多小时的车程，进入圣多明各市区。这座拥有 270 万人口的首都楼房林立，繁花似锦，热闹非凡。那耸入云天的"巨人之雕"站立海边向人招手，那彩色的"华盛顿纪念柱"高高屹立在防波堤上，那一道道厚实的古城墙雄居在奥萨马河岸，那贴有玫瑰色大理石具有新古典主义风格的总统府拔地而起。圣多明各，既现代，又古老。

进入市区，一头扎入古城区，发现纵横的窄小街巷，满是旧殖民建筑、遗址和遗迹，而到那倒塌的古老的美洲第一家医院、残缺不齐的圣母玛利亚小礼拜堂、残垣断壁的老宅院、塌陷的古城墙等，让你深深感觉到旧城厚重的历史，一种沧桑感油然而生。圣多明各城起建于 1496 年，它是南半球最古老的城市之一。

跟随向导的脚步，首先来到哥伦布广场，这是旧城区标志性广场，中央竖立着哥伦布手指新大陆的雕像，为法国雕刻师的杰作。雕像后坐落着美洲大主教大教堂，又名圣玛丽亚大教堂，始建于 1510 年，这是在新大陆上诞生的第一座大教堂，也是加勒比海地区最古老的教堂，其高高的穹顶全部用白色珊瑚石建造，教堂北门为双拱道，浮雕精细。在中间祭坛旁，建有 14 个小礼拜堂。哥伦布的遗体在转移到哥伦布纪念灯塔前就安放在这里。广场的东侧是博尔吉拉宫，上下两层均有雅致的柱廊，是 19 世纪中叶海地占领时期建造，曾作为国会办公地，现在是行政办公楼和邮局。哥伦布广场是人们休闲娱乐之地，广场地上坐满了休闲的人群。

* 华盛顿纪念柱

* 哥伦布广场

* 美洲大主教大教堂正面大门

从哥伦布广场向东走不到百米是奥萨马要塞，建于 1505 年，修筑在奥萨马河的入海口，它是防备海盗的一个制高点，有 18.5 米高，是当时的最高建筑。要塞的精忠塔建造得宏伟坚固，仅外墙就达 2 米之厚。登到塔顶，奥萨马河、旧城区尽收眼底。漫步在要塞，可见一身披大衣的墨绿色人物雕像，他曾在 1533 年至 1557 年担任这座城垒的总督，名为奥维埃多。他是一个传奇式人物，曾做过国王的秘书，搜集了大量印第安人的历史，并记录下来。要塞的大门白里透红，古朴庄重，西班牙风格十足。

* 奥萨马要塞

顺着一条名为贵妇街的石路继续向北走，呈现在眼前的是国家先贤祠，又称万神庙，看上去庄严凝重。这座建筑先后做过修道院、烟叶仓库和剧院，1955 年改造为先贤祠。这里长眠着多米尼加历代总督及国民英雄。大厅里点燃着不熄的烛火，有多名卫兵把守，每隔两小时一换岗。

在贵妇街的最北面，气势恢宏的王宫迎接人们的到来。王宫建于 1492 年，曾是历代总督的官邸。目前陈列着国家各个历史时期的珍贵文物，其中有哥伦布的亲笔信和贵重资料及物品，有哥伦布初建圣多明各的手稿，有西班牙著名画家鲁丽的画，有 18 世纪药房的器械，有 1552 年雕刻的象牙等等。

* 古城步行街

* 国家先贤祠

让人不解的是，还有日本的大刀。

王宫的对面，展示给人们的是一座日晷，足有 10 米多高，这是 1753 年的产物。圆盘的太阳指针，与手表上的时间相差无几，它是加勒比海地区最古老的日晷，陪伴着多米尼加人一路走来，成为古城的一大景观。

继续北行，到达西班牙广场，它比哥伦布广场大得多。虽然叫西班牙广场，但这里的哥伦布元素仍然不减。巍巍的哥伦布宫就坐落在广场中。哥

* 日晷

伦布宫又称哥伦布城堡，它是由哥伦布的儿子迭戈建造的。当时迭戈作为西班牙的总督来到此地后，建造了这一私人官邸。他也是第一任总督。据介绍，整个建筑采用了文艺复兴时期的风格，优雅的拱廊，哥特式的外表，里面有礼拜堂、音乐厅等22间房屋，门厅里的天花板雕刻着42个动物头形用来辟邪，厅堂中摆设的家具和艺术品都是16世纪的产物，展现了殖民时期的穷奢极侈和高昂华贵，再现了欧洲人的奢靡之风。哥伦布官的前边，竖有尼古拉斯·德奥万多的雕像，他为古城的建设付出了很多心血。

* 西班牙广场

在哥伦布官的西北方向不远处，是唐人街。立石为标，上面写着"唐人街"三个红字。街的两端分别立有中式牌楼，写有"天下为公"和"四海为家"硕大牌匾。信步于唐人街，皆是中国元素，"昭君出塞"、"招财进宝"、"十二属相"等雕刻直立街心。中国龙、红灯笼、福字贴比比皆是，还有中国餐厅、中国银行、中国商场、中国店铺，沿街一字排开。抬头环顾，仿佛置身北京街头……

在多米尼加期间，还走出圣多明各市区，踏访了三眼湖洞穴和普罗米尔洞穴。两处洞穴，两种风貌，截然不同。

* 唐人街里的牌楼

　　三眼湖洞穴距市区 30 分钟车程。这是一处塌陷了的山洞，坍塌下沉形成一个巨大的圆形地窖，直径足有百米之大。坍塌地带的洞穴里形成大小不一、形状各异的三个湖，像三只眼睛闪着亮光，为此叫"三眼湖"。我自上而下，沿着长长的石级，一直下到约 50 多米的洞底，一一寻见三个湖面。去第三个湖须乘坐木筏，经过第二个湖面才到达。站在湖边，那直垂的藤蔓，缤纷的花草，追逐的飞鸟，身临其中，仿佛正在世外桃源。

　　前往普罗米尔洞穴用去一个半小时车程。洞穴位于圣克里斯托瓦尔城郊外。这是一处干枯的洞穴，实际上是个溶洞，再准确一点说其实是一个岩洞。洞穴里有很多蝙蝠，走进一百多米后，洞穴变大。此时洞穴的石壁上出现很多图画，有牛羊、飞鸟、家禽，还有各种人身，栩栩如生，活灵活现。据悉，这些画共有 6000 多处，已有 3800 多年的历史。然而，到底是何人、何时、何因作画？至今仍是个谜，吸引世界上不少科学家前来考证、研究，期冀解开这个谜团。

　　多米尼加，虽是大国，但并不富有，不少人偷渡前往波多黎各岛；多米尼加，并不平静，它曾同海地有过摩擦，市内建有两国停战协议签字厅。

* 停战协议签字厅

多米尼加，深印着哥伦布的足迹……

圣多明各，世界文化遗产的瑰宝……

温馨提示

　　伊斯帕尼奥拉岛又称海地岛，坐落着两个国家，其中海地与中国没有外交关系，不易到达，需要从第三国获得签证才能进入。最佳前往方案是从美国或者从美国属地波多黎各岛乘飞机或坐轮船先进入多米尼加。也可以从北京乘飞机转机到达多米尼加，但需要办理签证。若持有效的美国、加拿大、英国或申根签证的中国公民，不需要申请多米尼加签证。到达多米尼加后，就方便多了，因我国与之有外交关系，可先参观访问或游览。多米尼加在加勒比海地区是个大国，很安全。行程上走完该国后，可乘汽车去往海地，到边境办理入境手续很方便。海地这个国家很乱，由于地震后中国援助，对中国客人的进入还是友好的。

第六章

波多黎各岛

上帝的土地

　　"上帝的土地"、"富饶之地"，这是对波多黎各岛的形容。的确，波多黎各岛是一块宝地，是一块肥沃的土地。遍地的热带雨林，遍地的花草树木，非常适合植物生长。原住民印第安人阿拉瓦克族世世代代在此繁衍生息。后被西班牙人赶杀殆尽。1898 年的美西战争后，又沦为美国的殖民地。波多黎各岛，这块上帝的土地，并不被当地土著人享用，而成为外来者的乐园。经过上百年的发展，波多黎各已经"美国化"了，昔日土著人的影子不见了……但还保留了殖民时期的建筑。通过新与旧的对比、原始与现代的比照，可以了解这个"上帝的土地"的发展脉络……

"美国化"了的波多黎各（美）•••

离开多米尼加,过莫纳海峡即是波多黎各(Puerto Rico)。走在这个岛上,第一感觉是美国的元素太多了,几乎整个岛屿全被"美国化"了! 没有前几个去过的岛屿那样浓重的加勒比海本土气质,尤其是这个岛最大的城市首府圣胡安（San Juan）,摩天大厦、6 车道马路、名牌汽车、高档酒店、豪华别墅……比比皆是,现代化设施随处可见,昔日的土著及黑人几乎全被白人取代。

这,就是波多黎各! 一个"美国化"了的岛屿!

了解现在的波多黎各,不能不追溯它过去的历史和它的演变过程。波

现代气息充斥着岛屿

多黎各是加勒比海大安的列斯群岛中的一个较大的岛屿，北向大西洋，南临加勒比海，东西长180公里，南北宽60公里，陆地面积8870平方公里，岛上原住民印第安人称这个岛为"博里昆"，意思是"上帝的土地"。1493年哥伦布登上这个岛命名"圣胡安博蒂斯塔"，后改作"波多黎各"，意为"富饶之地"。1508年西班牙人统治这个岛后，强迫当地人做劳工，折磨致全部死亡，后又从非洲运来大批黑人做奴隶。1898年西班牙与美国交战，波多黎各又成为美国的殖民地。1952年成为美国的一个"自由邦"。目前，岛上人口390万，其中白人占76%，黑人占6%。目前它是加勒比海地区最现代化、最富有

* 高楼大厦林立

的岛屿，还是本地区航空和海运交通枢纽，城市设施十分完善，人民生活水平在加勒比海乃至整个拉丁美洲地区位居前茅。

在波多黎各首府圣胡安这座现代化城市，我参观了马林国际机场、希尔顿宾馆、豪华海滩度假村赌场、水上俱乐部、两兄弟桥、钻石宫饭店、孔达多风俗中心、古教堂等，最后来到政府大厦。这是一处现代化建筑，看上去雄伟壮观。里面的装修非常豪华，壁画栩栩如生，楚楚动人。

波多黎各的第二大城市为蓬塞，计30万人口。此城1692年建立，已有300多年的历史。它保留了殖民地时期的建筑，一派西班牙建筑风格。蓬塞最亮丽的建筑是枣红色的消防大楼，非常气派。还有欢乐广场、伊莎贝

＊大厅豪华

＊政府办公大楼

＊金顶华丽

* 大厦旁的古教堂

* 海边沙地高楼

* 特色建筑

拉街、蓬巴斯公园、艺术博物馆等。

　　波多黎各的第三大城市为马亚圭斯，同样是西班牙殖民时期的建筑。最明显的标志是中心广场中哥伦布踩着地球仪的雕像。

　　波多黎各岛，不失为上帝的土地！

世界文化遗产圣胡安古城 •••

圣胡安古城！它被联合国列为世界文化遗产。

在波多黎各岛上，居然还有着一处世界级历史遗迹。

古城面积很小，坐落在圣胡安湾入口处的两个小岛上。

从圣胡安新市区驻地驱车半个小时，一头扎进这座历史城区。从现代化的时尚前卫，突然退回到 16 世纪的古朴悠远，好似时空穿越！面前，没了林立的高楼，没了平敞的马路。取而代之的是鹅卵石路、狭窄巷弄、古房旧院，还有彩色外墙、铁铸阳台、雕塑门窗，全是殖民时期的建筑，仿佛回到欧洲文艺复兴时期。

这，就是圣胡安古城，世界级文化遗产！

* 圣胡安古城又高又厚的城墙

据悉，这是继圣多明各之后的美洲建立的第二个古城区。

不过，圣胡安古城与圣多明各古城建造截然不同，各具特色。圣胡安古城的最大特点是四周由高 42 米、厚 6 米的城墙围绕。城墙上设有一个连一个的高耸哨岗，墙内还有三个堡垒。

一圈城墙，三座堡垒，这在加勒比海地区比较少见。

* 岛上最古老的建筑

首先走进德洛莫罗堡。城堡坐落在古城区西北角的一个岩岬上，高踞圣胡安湾入海口，始建于1539年，已有460多年的历史。堡垒三面环海，一面丘地，高出海平面43米。堡顶建有一个瞭望塔，挺立而起，是整个古城区的地标。站在瞭望塔上，视线特别开阔，可以监视海面上海盗船的行动踪影。因当时海盗横行，西班牙商船队把它作为基地，这里成为阻击海盗的最佳之地。16世纪，被称为海盗始祖的弗朗西斯·德雷克曾经袭击过这个城堡。整个古堡修建在6个不同高度的层面上，从上至下可以一直走到海平面。古堡内部挖有错综复杂的隧道，还有地牢、药库、暗室、陷阱、坡道，像迷宫一样千回百转。城堡面朝大海排布着很多大炮，专门迎击海盗。斯蒂芬·斯皮尔伯格导演的关于奴隶生活的大片《友谊》（1997）的镜头就是在此拍摄的。电影《冷酷的心》也取景于此，其中男主角的名字就叫魔鬼胡安，故事也发生在这里。

第二个城堡是圣克里斯托瓦尔，这座城堡面积达11公顷，比德洛莫罗堡大许多，始建于1631年。站在城堡上可以放眼大西洋和整个古城区。城堡宽大广阔，实际包含5个堡垒，形成一个堡垒群。堡与堡之间均有地下

* 海岩岬上的德洛莫罗堡

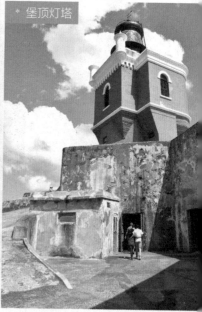

* 堡顶灯塔

通道相连接，即使被攻破一个，其他 4 个照样可以战斗，除非 5 个全部被攻下才能占领整个堡垒群。爬上生了锈的炮台，走进高耸的哨岗，站上险峻的城墙，仿佛进入昔日的战斗状态。

＊ 圣克里斯托瓦尔城堡

＊ 走下城堡的看客兴趣不减

拉福塔莱萨是第三个城堡，雄伟壮观，它是古城内最早的城堡，建于1533年，处在古城区南部。"拉福塔莱萨"即"堡垒"之意，是为了抵御加勒比海印第安人袭击而建造的。这座堡垒的墙壁采用蓝色装饰，典型的16世纪建筑风格。拉福塔莱萨堡保存完好，因为它一直作为总督府被占用。尽管历史上历届总督都不同，但总督府却从来没换过，一直沿用至今，它是西半球使用历史最悠久的行政官邸。拉福塔莱萨堡的后墙，建有钢铁群柱纪念碑，可以随意拍照、留影。

* 拉福塔莱萨城堡隐藏于城墙内

* 蓝色建筑总督府坐落于拉福塔莱萨城堡

古城区不仅城堡多，还有很多古宅院。

卡萨布兰卡是 1521 年建造的，本来要作为波多黎各第一任总督蓬塞·德莱昂的住所，但没等住进去他就去世了，于是他的女婿搬进居住。这个宅院包括三处美丽的庭院，其中有西班牙式庭院，仿照西班牙格拉纳达的艾勒汉卜拉宫建造，一个是有喷水池和砖雕的意大利式庭院，还有一个是古典庭院，直通海边，院中荒径曲折，野草鲜花遍地。卡萨布兰卡这幢白色建筑，是整个老城区 800 多座古建筑群中历史最悠久的一座，蓬塞的后代在此居住了 250 年，后来做过总督的官邸和美军及英军司令官的官邸。

* 白色建筑卡萨布兰卡住宅坐落在广场边

圣胡安大教堂也是一座古老的建筑，始建于 1521 年，至今还保留着 16 世纪的哥特式圆形庭院。教堂前是一个古老的广场，树木参天，留存着诸多形态各异的雕刻，极有沧桑感。这座教堂之中还长眠着第一任总督蓬塞·德莱昂，他是在从美国回来的途中被印第安人的毒箭射杀而死。他的遗体最早放置在圣何塞教堂，后来迁至此处。圣何塞教堂是西半球第二古老的教堂，与圣胡安大教堂只一箭之地。

洛斯贝罗雪斯楼距圣克里斯托瓦尔城堡仅一步之遥，它算不上怎么古

* 世界最窄的不到 1 米宽的楼房

老，但却是一幢非常独特的建筑，上面挂满了布绒娃娃等玩具，这是艺术家托马斯·胡埃塔的杰作，十分扎眼。古城内，还有世界上最窄小的房屋，它的宽度还不到一米，试想主人是怎样居住的呢？

古城内，不仅堡垒多、古宅多，还有数不清的雕像，形态各异，式样多种，其中有哥伦布500年纪念柱、教母送女上战场、印第安人群雕等，竖立在街头巷尾，装饰着这座百年古城。

圣胡安古城，不愧为世界文化遗产！

* 哥伦布纪念柱

* 城堡外的钢铁群柱纪念碑

温馨提示

　　进入波多黎各只要有美国签证即可放行。从北京没有直飞的航线，需要从美国转机前往。波多黎各是美国属地，更为安全可靠，不必时时担心什么小偷、抢劫。但这里消费水平较高，不管是吃、住、行，都超出其他岛屿，尤其是宾馆酒店，大多是四、五星级的，找一般普通住所不容易。这里是美国人度假的胜地，沿街、沿海到处都是美国人在休闲。此地赌场、高档购物场所比比皆是，中国游客一定要带足美元，要做好充分的思想准备。波多黎各居加勒比海中心地带，是航空、航海的中心，有很多飞往加勒比海诸岛的飞机和邮轮，交通十分方便。

第七章

维尔京群岛

处女之岛

　　"维尔京"，用哥伦布的语言是"处女"
之意。维尔京群岛是大安的列斯群岛链中
的最后一环。也可以说是大安的列斯群岛
系列中最末端的一处群岛。维尔京群岛上
百个岛屿和岛礁，漂浮在 2600 平方公里
的海平面上，大都是尚未开垦的处女地。
岛上有茂密的森林，奇石怪岩，洞穴连绵，
风光无限，是世人追寻的世外桃源，曾被
世界多家杂志推举为人生必去之地。由于
历史上荷兰、丹麦、西班牙、英国、美国
等多国争夺，最终的归属为英属维尔京群
岛和美属维尔京群岛。

英属维尔京群岛（英）...

东方清晨，天边轻涂一抹红霞……

加勒比海，远处铺起一层银光……

"美啊，维尔京群岛！"望着晨光美景，我竟失声大喊！

此时，我的方位是英属维尔京群岛（Vlands Islands）的主岛托尔托拉岛的最西部海岸线。昨晚 11 点多才到达这里，入驻宾馆后已是夜半"歌声"。这歌声是海浪，是松涛，是虫鸣，我沉浸在大自然的乐章中，身铺沙滩，头枕山岩，脚浸大海，沐浴在维尔京清新、清爽的空气中……

收起思绪，抬头仰望。那一望无际的大海，随着波浪的翻卷一直延伸

* 维尔京群岛绝美的海滩

到尽头；那一览无余的天空，挂满一层一层白云，一直推到天边；一弯半月的白色沙滩点缀的棕榈树，一直伸向远方；一座座山峦，披着原始丛林直上青天……

这就是维尔京群岛，一个令人难以忘怀之地！它被美国地理杂志评为人生 50 个必去之地。到维尔京旅行，是我的梦想，今天终于实现了，尽情地去欣赏大自然恩赐给维尔京的风光吧！

* 首府全景

维尔京，是 1493 年哥伦布登岛时命名的。哥伦布到达这里恰是清晨，当他看到茫茫地平线上奇迹般的一层又一层交叠在一起的轮廓线，被这奇景迷住了，便根据圣乌尔苏拉与 11000 名处女的故事起名为"一万一千维尔京群岛"，即"处女岛"。此故事讲述的是一位笃信基督教的英国国王的女儿乌尔苏拉被许配给匈奴酋长。她想摆脱这桩婚事，于是提出让 11000 名处女陪同前往一个美丽的地方。圣乌尔苏拉带着 11000 名姑娘浩浩荡荡出发了，去到遥远地方去寻找世外桃源……

维尔京群岛是加勒比海中最著名的群岛，由 160 多个岛屿和岩礁组成，它像一颗颗绿宝石撒落在海面上，是大安的列斯群岛这条项链中的最后一环。由于海湾多、岛礁多，这里成了"鲁滨孙"式的少有人居住的荒凉之地，未被开发的处女地，同时也成了众多海盗的藏身之地。1672 年英国人占领托尔托拉岛、维尔京戈达岛等 60 多个岛屿，称为英属维尔京群岛。

* 首府红色调主街

* 海滩小卖部

托尔托拉岛是英属维尔京群岛的主岛，也是最大的岛，长 18 公里，宽 5 公里，有 1.4 万人，首府罗德城（Road Town）就坐落在这个岛上。托尔托拉在当地语意为"斑鸠"，这里到处是飞翔的斑鸠，誉为"斑鸠的王国"。

行走在托尔托拉岛，它的形状像一条蠕动的蚯蚓。穿过原始森林，翻过赛吉峰山，涉过潺潺溪水，来到罗德镇。这座只有 4000 人的小镇，却建造得花花绿绿，色彩斑斓，很是美丽漂亮。

一英镑便可以注册一个离岸公司！英属维尔群岛因此成为避税天堂，成为国际著名的避税中心。为一探究竟，我特意走进英属维尔京群岛政府办公楼。这座办公楼耸立在海边，依山傍水，雄伟壮观。在接待室，我采访了一位分管金融的公务员，他说："根据该岛法律，所有在该岛注册登记设立的公司，除了法定每年计缴的非常少的登记费用外，所有业务收入和盈余均免征各款项税款，很多国际知名大公司，均在该岛设立避税机构，并开展复杂的国际避税业务活动。注册一个外资企业，只收一英镑，由来已久。但，我们还是严格审查的，不能乱来。目前，全世界在我们维尔京群岛注册的企业已是成千上万。应接不暇的离岸公司的注册，带来可观的、无形的、

* 政府办公楼

巨大的收益。截至去年底，全世界共有 55 万公司在此注册。有中国的，如联通公司的香港上市主体即为 BVI 公司。"

跨过城区的一条街道，沿着弯弯曲曲的山路，攀登至半山处，到达旧总督府，它是整个主岛的地标，俯瞰山下，整个城区和海港一览无余。

* 旧总督府

我在讲解员的带领下走进这座古老的建筑，里面有阳台、大堂、观景台、书房、会客厅、寝室。这里曾是英国女王伊丽莎白下榻的地方，豪华至极。屋中摆放着古董、名画、雕像等。站在廊柱式观景台上，那平静的加勒比海，挺直的航船桅杆、横卧的街区、绿染的青山，既是一张油画，又像一幅水墨画……走到地下室，那里收藏了很多世界各地的邮票，年代久远，成了无价之宝。

总督府后面是一个花园，绿树丛丛，青山萋萋，鲜花朵朵，一片香气。

* 英国女王下榻的总督府大厅

* 从总督府观望美丽的海湾

园林中竖立着很多雕像，形态各异。讲解员说："这里现在已改作博物馆，有很多历史遗迹，是整个主岛最值得一看的地方。"

在托尔托拉主岛，我还去了奥尼尔植物园，观看了海豚出没地，后又翻山越岭，爬至最高处的山巅，遥望了西部的美属维尔京群岛。最后，来到主岛的西北部海湾，走进古老的朗姆酒厂，了解了这家酒厂上百年来发展的坎坷之路。

维尔京，这个处女之岛，现在并不处女！

托尔托拉，这个斑鸠之国，今天并不斑鸠！

* 古朗姆酒厂

美属维尔京群岛（美）●●●

美属维尔京群岛（Virgin Islands）由圣托马斯岛、圣约翰岛和圣克罗伊岛三个大岛及 50 多个小岛、岛礁组成，面积 344 平方公里。

* 邮轮停靠美属维尔京群岛
（任铁良 摄）

美属维尔京群岛与英属维尔京群岛的历史根源及状况不同。1493 年欧洲人到达这里，将当地土著人全部杀光。16 世纪起先后有西班牙、荷兰、英国、法国、丹麦等国入侵。1670 年，丹麦将圣托马斯岛和圣约翰岛率先据为殖民地。1733 年丹麦又从法国人手中买下圣克罗伊岛。至此，丹麦拥有了这三个岛屿并殖民化，在三岛上大兴土木工程。随着历史的变迁，1848 年岛上的黑奴获得自由，再不是过去的奴隶了，大批黑奴从蔗糖业解放出来，使得蔗糖价格一落千丈，丹麦受到打击。在此情况下，美国注意到三岛的战略地位。一方面看到一战中德国海军在这里活动受到威胁，另一方面为了保护巴拿马运河，1917 年美国用 2500 万美元买下丹麦控制的三岛，并由美国军队管辖。1931 年由美国内务部接管，1936 年美国设自治政府。1970 年开始，行政权被交给民选总督。

美属维尔京群岛与英属维尔京群岛同属维尔京群岛，但在风格上千差万别。美属一方现代化气氛特别浓重而且非常发达；而英属一方保持了原始风貌，仍是未开垦的处女地。

* 港口

* 主岛全景

美属维尔京群岛的主岛为圣托马斯岛，长 19 公里，宽 5 公里，面积为 83 平方公里，人口 12 万。首府夏洛特阿马利亚（Charlotte Amalie）就坐落在这个岛上，人口为 1.4 万。圣托马斯岛最早的居民是当地土著人，接下来是荷兰商人，再就是海盗的宿集地，其中著名的黑胡子海盗爱德华·蒂奇曾在此居住。首府"夏洛特阿马利亚"的名字是 1691 年被命名的，是以丹麦王后（克里斯蒂安五世之妻）的名字命名的。

夏洛特阿马利亚最繁华的道路名为主街，是整个城区的中心，从西头的市场广场一直延伸到东边的邮局，煞是热闹，两边布满了商场、店铺、咖啡厅。克里斯蒂安堡是维尔京群岛最古老的建筑，这座血红色的古堡始建于 1666 年，1784 年增建了钟塔，典型的丹麦风格，是美属维尔京群岛的地标。这里曾是处治海盗的地方，也是丹麦将三岛移交美国签字之场所。这个古堡现已改作博物馆。弗雷德里克·路德教堂坐落在主街东端的北侧，为新大陆第二大古老的教堂，同样是丹麦风格的建筑。通往加文门特山的 99 级台阶是城区的著名景观，沿着 99 级台阶逐步攀登，可观政府大楼、石头瞭望塔、蓝胡子堡、古老的法国建筑等，直到山顶。圣托马斯犹太教堂是西半球第二大古代犹太人集会的场地，建于 1833 年。大厅中的一层沙子象征着犹太人穿越沙漠逃离埃及的艰难史……

美属维尔京群岛，既有现代化的气息，又有老旧、原始的一面！

* 要塞

* 克里斯蒂安堡

* 丹麦风格建筑

* 弗里德里克·路德教堂

温馨提示

　　维尔京群岛包含英属和美属两大岛系。分别需要办理英国和美国的签证。中国没有直飞的航线，需转机才能到达。最好的线路是先到波多黎各，再从波多黎各直飞或乘邮轮前往。维尔京群岛与北京时差相差 13 小时，温度适中，四季如春。英属和美属的岛群都非常漂亮，几乎没有开发，很多岛没有人烟。但分属主岛已成为旅游的胜地，度假的天堂；不同的是美属维尔京较为现代化，而英属维尔京反之。英属群岛与开曼群岛一样，为避税天堂，金融中心，是各国金融部门追崇之地。至于安全问题，不必顾虑，尽管自由自在的活动。在住宿方面，有很多宾馆、酒店，而且多设在海边，非常方便。

第八章

背风群岛

加勒比海的一角

　　背风群岛处在加勒比海的东北角，是从大西洋进入加勒比海的重要门户之一。被称为"加勒比海的一角"。背风群岛是小安的列斯群岛系列的顶端或者说开端，它包含了安圭拉、圣基茨和尼维斯、蒙特塞拉特、安提瓜和巴布达、瓜德罗普5个国家和地区。这里有度假的天堂，这里有海盗藏身匿赃之地，这里有世界文化遗产布里姆斯通山城堡，还有裙衫楼、魔鬼桥、螯虾瀑布……

袖珍小岛安圭拉（英）•••

飞机降落在小小的安圭拉岛（Anguicla）后，看到岛上的机场散发着一股现代气息，白色粗大的瞭望塔拔地而起，显示了机场的雄伟。在机场大厅办理入境手续时，看到墙壁上一幅幅精美绝伦的图画，描摹着古时景象，恍若身处几百年前，尤其是那巨幅的油画，表现着安圭拉岛悠久的历史和原始状态下土著人生活的场景。

机场就在首府瓦利（Vallea）旁边，确是一步之遥。我在向导郑娜娜的带领下拉着行李箱步行走向城区，因为距离太近而根本不需乘车。马路两边是草地和高高的棕榈树。瓦利是一个很小的地方，只有一条马路。两边

* 安圭拉主街

的建筑都是极具现代化的，有政府办公机构、电台、移民局、超市、医院，还有废弃的监狱。医院有 36 个床位，4 名医生。安圭拉电台 1969 年创立，每天播出 14 个小时。我一边走一边听着小郑关于安圭拉岛的介绍。

安圭拉岛位于背风群岛的最北端，是一个地势平坦的珊瑚和石灰岩岛，长 25 公里，宽 5 公里，面积仅 96 平方公里，人口一万，居民主要是黑人。这个岛最早是西班牙航海家发现的，当时看到小岛像一条鳗鱼，于是命名"安圭拉"。安圭拉在西班牙语中为"鳗鱼"之意。最早在此居住的是加勒比印第安人，1650 年沦为英国殖民地，1825 年英国将该岛划归圣基茨岛管辖，1967 年与圣基茨和尼维斯联合成为英联邦的成员。但这个时期安圭拉人不愿接受圣基茨和尼维斯的统治，于是以罗纳德·韦伯斯特为首的进步党掀起了一场脱离圣基茨和尼维斯的运动，最终获得成功，重新回到英国的怀抱，直属英国政府统领，并改由英国委派总督管理。

我的驻地以蓝色为主调，蓝顶、蓝门、蓝窗，清爽而富诗意……办理完入住手续后，便乘车开始了环岛行。

* 著名的沙地海滩

汽车在海滨公路上行驶，那绿色的丛林，蓝色的大海，白色的沙滩，像一幅油画铺展开来。小郑说，安圭拉岛是加勒比海地区各岛屿中最为孤立的小岛，非常美丽。由于受信风影响，小岛一年四季天气晴朗，气温适宜，全年温差只有 3 度，维持在 27℃ 左右。

这里以沙滩多且美丽而闻名，故而可见很多白色的沙滩，质地细软，沙粒微小，是踏沙的极好地带，如上部海滨沙滩、兰德武湾沙滩、沙岛沙滩、沙地沙滩等。我们路过一处叫"沙地"的海滩，停下来感受了一段沙滩行。踩着柔软细润的白沙，迎着阵阵海风，浪花不断拍打在身上，那种踏浪走沙的感觉何等之美啊！我赶紧拿出照相机，将沙滩、沙湾、沙浪定格。据小郑说，这个"沙地"海湾的沙滩是安圭拉的地标，是最好的一段沙滩，可与世界上众多的名沙滩媲美！

恒温的气候，晴朗的天空，众多的沙滩，称之为"度假天堂"。为此，安圭拉沿海建了很多度假村和宾馆，迎接外来客人休闲娱乐。据悉，这里拥有加勒比海地区最豪华、最昂贵、设计风格最时髦的高档酒店。

环岛行中，小郑带领我走进 Long Bay Village 酒店，这是安圭拉岛乃至加勒比海地区最好的宾馆，处在岛的南部北海岸。门前是一公里长的林荫道，两边是整齐冲天的棕榈树，院内是花园式布局：塑像、喷泉、石山，绿地、鲜花、藤蔓。最为扎眼的是宾馆中的雕刻，木雕、石雕、铁皮雕，圆形雕、方形雕、棱形雕，五花八门。大堂中的沙发各式各样，石料的、木料的、布料的、塑料的、铁质的，形状不一，色彩各样。这里住满了客人，大都是欧美人，只见泳池、大厅、楼阁，皆是宾客。据说这里一晚的住宿费用是 2000 美金。

踏访的下一站是 Crocus Bay 旁边的一个高档高尔夫球场，处在安圭拉岛中部的北海岸。门前长长的甬道两旁是盛开的鲜花，红、黄、白、紫，五彩缤纷的花朵和扑鼻的芳香一直伴你走进场区。这家高尔夫球场的豪华程度令人惊讶，单是楼内的地毯就价值连城，院内停车场上清一色的高级轿车。我在主楼参观了一下，大厅里摆放着玉雕和翡翠及高档艺术品，间或一些

* 通向高档宾馆的路

* 豪华气派的现代化酒店吸引世界名流前来入住

＊高尔夫球场

当地土著人的手工制品，加进一些地方特色显示本地化。从主楼大厅向外望，可现一幅秀美的海岛图画：沙滩、椰树、大海，一齐装进眼帘。

时近正午，我来到安圭拉岛北部的国家博物馆，这是一座涂有红边的低矮建筑，房前高高飘扬着安圭拉旗，门口摆放着土著人熬制蔗糖的铁锅和一些过去的生产工具，周围野地里长满很多正在开花的掌类植物，还有几处农舍。走进馆内，看到印第安人古代的厨房用具，还有植物标本、石器、陶器、珊瑚制品等。墙上贴有照片，述说着安圭拉的历史。解说员是一位当地印第安人。"安圭拉的历史是曲折的，为了争取自由，付出了很多。"他讲了一段近代史，倾吐本岛人不愿追随他岛的感言。小郑说，他岛指的是临近的圣基茨和尼维斯。这时，解说员讲了上世纪60年这里发生的一起造反运动闹剧，戏称"英国的猪湾事件。"他说："那是1967年，安圭拉人不愿与圣基茨和尼维斯结成联盟并受其领导，于是本地人自发组织起来造反，用棍打脚踢将圣基茨警察赶出岛外，并向英国政府发出呼吁，要求继续享受殖民地待遇，宁肯受英国统治，也不愿受他岛领导。这期间，英国派人前来，答应了岛民的请求，于是人们高唱《上帝保佑女王》，甚至有人

＊ 博物馆

＊ 展室中的壁画

喊出女王万岁的口号！"

　　走在安圭拉岛上，感触最深的是这个岛的原始与天然，特别是它保持了原始状态下的生态环境。目光中，到处是仙人掌、仙人球、仙人树等掌类植物，在原野上走动需倍加小心。

＊遍野的仙人掌

在环岛公路上，小郑说："博物馆保存了安圭拉很多原始的、古老的文物，说明这个岛历史悠久。岛上还有一处古建筑，更能印证安圭拉的原始和古老。"

驱车沿环岛又返回中部，来到古宅、古树、古教堂前。古宅和古树前边立有石碑，据碑上所著，这棵古树是为了纪念特蕾莎修女由安圭拉植物园俱乐部和安圭拉花园种的。这处古宅为"瓦尔布蕾克房屋或豪斯（音译）"，由黑奴所建，是特蕾莎修女的住屋，它紧靠古教堂，为古老的"裙衫楼"式样，

* 特蕾莎古宅

年代久远，据说是安圭拉岛最古老的建筑。我怀着神秘之感，走进住宅的二楼踏访：木式地板，木制沙发，木制桌凳。白色墙壁上面挂有宅主的画像，大厅里的书架上摆有宅主的图书，是修女当年传教时用过的物品。据介绍，这座古宅已捐献给教堂使用。

修女住的古宅对面为古教堂，名为圣杰勒德教堂。这座教堂的前墙是用彩色的石头砌成的，上端呈三个角形尖顶，正中间挂有一座古钟，再上面是十字架。大门是红色，两边窗户为蓝色。这座独具特色的古教堂颇有魅力，凡来岛者必到此参观。走进教堂，古香古色，好像历史倒退到原始时期。

＊古教堂

＊主人的客厅

说来也巧，这天恰逢一对新人在此举行婚礼，由主教主持。动听的风琴声，虔诚的祈祷声，伴着悠扬的唱诗歌，将人们带进一个梦幻般的境地……

主教问男士：你爱她吗？

男士：爱！

主教问女士：你喜欢他吗？

女士低下头，羞涩而深情的目光望着男士，小声说：喜欢！

主教说：上帝保佑，祝福你们一生相亲相爱……

一对新婚夫妇激动相拥……向天发誓！

风琴声又起……

新郎新娘踏着风琴声，走出教堂……

天已近晚，教堂对面是一家中国餐馆，这是岛上唯一一家中餐厅，名为"明珠大酒店"。坐在餐桌上，终于感受到久违的中国元素：灯笼、福字、元宝、铜钱……

安圭拉岛的夜是宁静的，阵阵海涛，更显示了它的沉寂。望着漆黑的海湾，仰视着天上的繁星，感慨万分：安圭拉，既有时尚酒店，又有古老建筑，现代与原始安然相容。而安圭拉人，宁愿做英国的殖民地，也决不受他国的领导，这是纯朴的印第安人另外一种独特的思想……

* 教堂里的婚礼

一岛两属地圣马丁（法）（荷）●●●

在安圭拉岛的东南部，有一个小小的岛屿，名为圣马丁岛（Saint Martin）。而这个小岛却是两个国家共有，分别是法国属地和荷兰属地。这是世界上最小的分属两国的岛屿。这样小的海岛两国共存，在加勒比海地区是独一无二的。

圣马丁岛是向风群岛中的一个小岛，全岛面积 88 平方公里，其中法属 52 平方公里，处在岛的北面；荷属 34 平方公里，处在岛的南部。全岛总人口 7.5 万，其中法属 3 万，荷属 3.5 万。

那么，两国属地的界线是怎样划分的呢？据当地人介绍，1648 年，在划分界线时，分别由一名法国人和一名荷兰人绕岛行进确定。这两个人都集结在岛的东部一个叫牡蛎塘的地方，在同一时间分别沿海岸线向反向行走。行走中，法国人边走边喝白兰地，劲头很足；而荷兰人边走边喝杜松子酒，

* 法属圣马丁沿海建筑洁净（任铁良 摄）

* 圣马丁岛上的飞机起降几乎从头顶
上掠过（许民 摄）

途中还被一个少女迷住，耽搁了不少时间。当两人会合后，从起点到终点划了一条线，算是界线了。结果法国多占了一部分。这一年，双方签订了分治圣马丁岛的协议。其实，两国并没有明显的界线，也没有控制国界的设施。任何人穿越南北不需办任何手续，更没有人守卫，这在世界上是绝无仅有的。1948 年，在岛中的边界上建了一个纪念碑，纪念和平分治 300 周年。纪念碑插有法国和荷兰国旗及圣马丁联合管理旗。1998 年，双方共同庆祝圣马丁岛获得双重国籍 350 周年。

圣马丁岛是 1493 年哥伦布第二次横渡大西洋时发现的。因发现的当日是 11 月 11 日，为圣马丁节，由此命名为圣马丁岛，并宣称为西班牙领地，但西班牙人并没有占领。后来，荷兰人和法国人先后移民来到此岛，并归为己有。

＊ 从法属圣马丁要塞俯
视全貌

　　走在法属圣马丁岛，感到这里的风光非常优美，空气格外清新。法属圣马丁的首府为马里戈特（Marigot），是一个很小很小的镇，至多一万多人。而这里一派法国风情，好像是一个小巴黎，到处是法国商品。小镇上有一个圣路易斯要塞，矗立在海港边，可以俯瞰整个首府的全貌。这个要塞已有200多年的历史，是法属圣马丁岛的地标。

　　跨过边界线来到荷属圣马丁首府菲利普斯堡（Philipsburg），这也是一个很小的镇，一派荷兰风貌。到处充斥着荷兰商品，与法属圣马丁截然不同。小镇上有一处圣马丁岛博物馆，记述了历史。法院建筑极有特点，其装饰

＊ 法属圣马丁主街

＊ 堡垒上的暧昧

以菠萝色彩为主，非常艳丽。

圣马丁，这个小小的海岛，太有特色了。每年吸引上百万游客前来观光、度假、休闲。因为海岛太小，飞机的起落几乎是擦着人们的头顶飞来飞去。乘坐邮轮来去更为方便，这里有开往安圭拉、瓜德罗普等岛的直航渡船。

法属圣马丁岛，在这里可以享受法兰西的生活方式……

荷属圣马丁岛，在此可以领略尼德兰王国的情调……

* 典型的荷兰风格建筑

* 荷属圣马丁林荫道

* 荷属圣马丁建筑色彩艳丽（任铁良 摄）

* 荷属圣马丁主街

双岛之国圣基茨和尼维斯 •••

这是一个小小的海岛！

这是一个微小而鲜有人知的国家！

圣基茨和尼维斯联邦，它是世界上十大小国之一，在世界最小国土面积排位中列第 10 位，总面积仅 267 平方公里，人口 5.3 万，为加勒比海乃至全世界最小的国家之一。

国小却有大亮点。这个小小而不起眼的岛国，却有一处被联合国列入的世界文化遗产，那就是布里姆斯通山城堡。

圣基茨和尼维斯（St.Kitts and Nevis）位于加勒比海背风群岛之中，称之为"双岛之国"。其中，较大的岛叫圣基茨，较小的岛为尼维斯，两个小岛组成圣基茨和尼维斯联邦，首都巴斯特尔（Basseterre）坐落于圣基茨主岛。

圣基茨是哥伦布 1493 年登岛时，以自己的守护神名字即"圣基茨"命

* 俯瞰圣基茨主岛

名的。之前当地印第安人称之为"利亚莫伊加"，意思是"肥沃的土地"。因为这里土地肥沃，以托马斯·华尔纳爵士为首的英国殖民者于1575年踏上这片土地后，便开始发展起种植业。1623年，英国人在圣基茨岛上建立起第一个加勒比海殖民地，接着侵占尼维斯岛，随后又占领了安提瓜岛、蒙特塞拉特岛等，这些岛屿都成了英国的殖民地。有压迫就有斗争，当地印第安人忍受不了英国人的欺压和强迫，尤其是繁重的种植劳动，不断反抗和斗争。1626年,强势的英国人一夜之间杀死4000多名土著人,鲜血流成河，染红了大片海水。事件就发生在"血腥岬"，震惊了整个加勒比海。长期的殖民，就有长期的反抗，至到1983年，岛屿获得独立。

踏行圣基茨岛，我首先造访了首都巴斯特尔。这个仅有1.8万人口的首都实在算不上什么城市。"巴斯特尔"原是一个小村庄，当地语意为"低矮之地"，因为整个城镇坐落在山脚下的一个海湾地带，海拔几乎与海平面持平。这里的住宅大都是"裙衫楼"，即底部用石头砌成，上部由木板搭建，建筑比例为半对半。上木下石，像是妇女穿的漂亮裙衫，为此称之为"裙

* 主街清一色的裙衫楼

* 原汁原味的裙衫楼

衫楼"。然而，1867 年的一场大火，"裙衫楼"毁于一旦，留下的寥寥无几，很难寻见。

市中心最繁华、最热闹的地带是独立广场，又称马戏团广场。十字路口中间是一座维多利亚时代的钟楼，呈墨绿色，四面镶有纯白色的时钟，顶部为金黄色的十字架，极有特色。钟楼四周有博物馆、天主教堂、老乔治楼等，都是殖民时期的建筑。站在广场放眼望去，色彩斑斓的众多大卡车、出租车、公交车、观光车都从这里出发，吆喝声，叫买声，交织在一起。阵阵喧哗，片片繁闹，可惜却是毫无秩序。

* 独立广场

我从广场登上一辆花花绿绿的观光车，开始了环岛行。这是一辆顶端敞开的篷式硬座大客车，坐有 30 多名美国和欧洲的客人，这些人都是沿环岛参观的。

观光车咣当咣当沿海岛行驶，左边是湛蓝的大西洋，右边是翠绿的圣基茨岛。据讲解员介绍，圣基茨岛的形状像一只蝌蚪，长 37 公里，宽 8 公里，最窄处不到一公里，面积 176 平方公里，全岛居民 3.6 万，其中首都 1.8 万，绝大部分是黑人。因为海岛盛产甘蔗，因此有"糖岛"之称。

* 街头说唱　* 海盗雕像

　　车行驶在蜿蜒的路上，空气清新拂来，一边的沙滩平滑而细腻，大海平静而幽远。望着那山、那水、那地，芳草萋萋，鲜花朵朵，简直是世外桃源，无比惬意……

　　沿途，参观了印第安人的岩壁画。这是印第安人聚居地遗址附近石岩上刻画的男人和女人的图像，生动逼真，栩栩如生，展现了当地土著人的聪明和智慧。但是，壁画的产生、意图、释义，至今仍是个谜团……

* 土著人的岩画

黑石坡景区是火山岩的杰作。圣基茨岛是由火山喷发形成的，为此推向大海的火山岩铸成一道黑色的乱石滩，参差不齐，造型巧妙，神斧天工，像一幅水墨画展示给世人。据介绍，这些黑石都是从利亚莫伊山喷发出的熔岩。

穿过纵深的热带雨林，招手满山的猴子，走过弯弯的山路，来到罗姆尼庄园。这座隐藏在密林之中坐落于山坡之上的庄园，有着高大参天的古树，凝翠如茵的草地，古朴而又明亮的黄色殖民建筑，给人一种恬静清爽的感觉。透过山坡上古塔中的铁铸大钟，似乎听到催促奴隶们上工的声响。

* 清新的罗姆尼庄园

在农庄甘蔗林，我走访了庄园一位打工者，这位黑人兄弟告诉我："这个庄园起始于17世纪，历史悠久，是圣基茨岛最古老的建筑，曾经遭到大火的破坏，重修后得以恢复原貌，目前的一幢房子已改作加勒比蜡纺印花布厂生产车间，其他向游人开放。"

漫步于罗姆尼庄园，看到房前屋后挂满了织染的花布，将山梁装饰得色彩斑斓。

离开罗姆尼庄园，下山后继续环岛行。当走近挑战者村南边的"血腥岬"

时，司机停下了车。讲解员说："这里就是英国人枪杀印第安人的地方，最后一次决战就发生在前面，4000 多名手无寸铁的加勒比印第安人，死于欧洲人的刀枪下，成千死者的鲜血将加勒比海染红……"听了这一席话，仿佛听到了那声嘶力竭挣扎不屈的抗争声，仿佛闻到了血腥的火药味……

又经过半个多小时的车程，来到布里姆斯通山城堡，又名硫黄山要塞。还没有进城堡，就望见了门前竖立的世界文化遗产标识。这处世界遗产，大

* 布里姆斯通山城堡

* 城堡操练

大提升了这个小小岛国的知名度，吸引了很多国外专家、学者和考古工作者，带来了旅游业的发展。

汽车经过左右盘旋，一直开至山顶，一座坚实而厚重的古堡呈现在面前。让人惊艳的是世上还有如此漂亮完整的城堡，真令人震撼！踩着通天石阶，我一步一步坚持着登到顶巅。首先看到一排排朝向大海的铁炮，阵容强大，气势逼人，好似拭目以待，做好了准备，随时应战。那坐落在城堡中央的瞭望塔楼，旗帜飘动，好像在骄傲地招手：我们的城堡坚不可摧！坚不可摧，这是当年英国人坚信的，并将其称作"西印度群岛中的直布罗陀"。在现场，当我采访城堡讲解员时，她讲述了当年的情景："1782 年，城堡中的1000 多名英国军队死死坚守，法国 8000 多名士兵猛烈攻打，战争足足进行了一个多月的时间，昼夜不停，最后 2 米多厚的城墙终于被炸开，英军不得不弃械投降。"

据介绍，布里姆斯通山城堡占地 15 公顷，高出海平面 240 米，四周统统用黑色火山岩砌成。是英国人 1690 年修建的，城堡包括军火库、炮官所、医院、乔治塔及王子威尔士堡等。

布里姆斯通山：加勒比地区最大的城堡！17 世纪城堡的典范！

罗姆尼：背风群岛最古老的庄园！

巴斯特尔：加勒比海最精致的彩色钟楼！

这，就是小小圣基茨岛上的精彩之处……

喷发的火山蒙特塞拉特（英）...

朝霞染红了海面，一轮红日喷薄欲出。

我乘坐的渡船正在大海中向蒙特塞拉特岛（Montserrat）行进⋯⋯

去蒙特塞拉特岛，没有往来的飞机可坐，只能乘渡船前往。

我是从安提瓜岛乘上渡船的。去蒙特塞拉特岛的渡船每天来往一趟，没有几个乘客，我感到很是冷清，便站在甲板上瞭望，依稀可见远处水天一色中翱翔的海燕⋯⋯

经过一个多小时的航行，船到达蒙特塞拉特岛码头。我在海关办理入境手续后，等候在大厅里的向导朱韵欣女士迎上来接站。朱女士是中国人，从小生活在这个岛上，在英国读完大学后又返回，目前是这个岛上唯一的中文翻译。

汽车在蒙特塞拉特岛行驶，眼前首先呈现出一座白色的巨型帐篷，横卧在山坳。朱女士说："这是一个难民营，收容了因苏弗里耶尔火山爆发而逃离过来的居民。今天就是要去参观这座活火山。至于这个岛很小很小，半天就走完了。"接下来，小朱介绍了岛上的情况。

蒙特塞拉特岛的名字，是哥伦布 1493 年来到这里时起的，是以西班牙国内的同名山命名。该岛长 18 公里，宽 11 公里，面积 102 平方公里，人口 4000，主要是黑人。首府普利茅斯（Piymouth）因毁于火山爆发，临时搬迁至布莱兹。该岛最早的居民为加勒比人，以打鱼为生。1632 年沦为英国殖民地，后曾两次被法国占领。1783 年又重回到英国人手中。1967 年通过公民投票，仍由英国管理，英国女王任命总督。蒙特塞拉特岛属火山岛，地势崎岖不平，有三组火山，东、西海岸有狭窄平原，南部山区多温泉，最高

* 蒙特塞拉特岛上的白色
帐篷镶嵌在山脚下

峰为海拔 914 米高的苏弗里耶尔火山，这是座活火山，现在仍不断喷发岩浆。

汽车穿行在岛的北部，没有看到一个居民区或者说村镇，住宅散落在山岭中、坡梁上、公路旁，多是一些低矮的农舍，房屋陈旧，偶尔显现出几座二三层高的楼房。其间，我踏访了港口、学校、行政办公区和教堂。岛上的医院只有 50 个床位，8 名医生，每遇急诊病人，就需动用岛上唯一一架直升飞机，将病人送到安提瓜岛去治疗。全岛只有这一家医院，还有一

* 山顶上的红房子是海岛
上的制高点

家银行、一家超市、一家宾馆、一家加油站、一家邮局和一个广场兼公园。

时近中午,小朱带我来到一家中餐馆——安发餐馆,这是广东人开办的。刚走进去,就看到有许多当地人排队买饭,很是火爆。餐馆里有大红灯笼、财神爷像、四扇屏中国画、福字标牌和中国瓷器,还有中国酒、中国烟、中国茶,周围满是中国元素。当我吃饭时才知道,餐馆老板是朱韵欣女士的父母,这才意识到他们的长相确实很像。饱餐了一顿中国菜,告别老板,我们去参观火山。

火山在岛的南部。途中,又去了一家私人博物馆。这是一对年迈的夫妇开办的,兼卖一些邮票、明信片及工艺品,还经营热咖啡。房间有50平方米大,摆着很多古董,墙上挂满了各种各样的画,最引人的是1995年火山爆发时的照片,记述得淋漓尽致。在这里我还看了一部火山爆发时实拍的录像,对这里的火山喷发有了初步了解。夫妇两人成了岛上的宣传员,每当游客前来参观时,他们都热情接待,不厌其烦地向大家展示火山爆发的场景。

离开这家私人博物馆,汽车继续南行,随着车轮的飞转,经过半小时

唯一一家中国餐厅

私人博物馆

车程逐渐进入火山爆发区域，窗外的公路开始扭曲，房舍突显歪斜，农舍现出裂缝。当绕过山梁上已经废弃的博物馆和风车遗址时，隐隐约约看到左前方山顶上的烟雾，依稀可见山脚被火山摧毁的房屋。这时，汽车穿过一片热带雨林，一阵爬坡，突然一个急转弯，停靠在一处山头，司机示意不能再向前开了。

打开车门，呈现在眼前的是一处倒塌了的房屋：残垣断壁，残桌烂凳，乱石碎瓦，一片狼藉。朱女士带着我，弯着腰穿过摇摇欲坠的墙体，踩着泥一样的火山灰，迈过横七竖八横躺着的梁柱，来到一处破败的庭院平台，那下面就是悬崖，再不能向前走出一步了。

这时，我抬头一望，前边的山峰正冒着浓浓的烈烟，滚滚而升，直入天空，弥漫着、扩散着，致使本来万里无云的湛蓝天空变得阴阴沉沉。朱女士指着远处的烈烟说："那就是苏弗里耶尔火山，因它的爆发而使得蒙特塞拉特岛闻名。"她介绍了火山爆发时的情境。

1995 年 7 月 18 日，苏弗里耶尔火山突然爆发，火山熔岩喷射到 9000 多米的高空，岩浆滚滚而下，迅速蔓延。这令居住在火山周围的居民始料不及，尤其是火山脚下的首府普利茅斯镇，强烈的震动和超声波及岩浆将其夷为平地，有很多人来不及撤离而命归黄泉。这座火山是个活火山，一直都在活动。

* 从倒塌的房屋中观察火山

* 正在喷发的火山

＊保存的火山爆发照片

1997年6月，苏弗里耶尔火山又一次大规模喷发，熔岩比上次来得更快、更急、更迅速、更猛烈，滚烫的火山岩浆如万马奔腾，一泻而下，骤然吞噬了周围十多个村庄，很多正在田间劳作的村民被烈焰卷走。火山两次大规模喷发后，至今仍在活动，到底何时能停止，专家们难以确定。为此，政府下令岛上南部居民，尤其火山周围的居民全部撤出，集中到岛北部安全地带，首府临时设在布莱兹。

站在高台上，望着火山下被摧毁的首府，那一堆堆的乱石滩散落着，几乎看不到什么房屋，这是火山爆发后留下的遗迹……

大自然，如此之惨烈！我问起朱女士，这一带海岛怎么这么多火山？小朱说："据有关资料说，蒙特塞拉特岛处在一个火山链上，这个火山链处在大西洋和加勒比海两大地壳板块之间，而地壳板块互相摩擦，把熔岩挤压到地面，造成火山喷发。多次的熔岩喷发形成一连串巨大的火山。"据悉，在格林纳丁斯群岛一带，一座叫"凯克姆吉尼"的海底火山正在逐渐形成中，等到这座火山最后浮出海面，它将是加勒比海上最年轻的岛屿。

返程，渡船在大海中向着安提瓜岛航行，晚霞染红了海水……

蒙特塞拉特岛警示人们：大自然是无情的……

* 蒙特塞拉特岛海关

* 唯一一家宾馆

* 小型飞机场

* 政府办公楼

走进安提瓜和巴布达 •••

安提瓜岛是从小安的列斯群岛北部进入背风群岛的门户，它与巴布达岛组成的安提瓜和巴布达（Antigua and Barbuda）国家在背风群岛中算是一个小国，全国总面积 442 平方公里，人口 6.8 万。安提瓜岛是这个国家的主岛，面积 280 平方公里，人口 4 万，其中首都圣约翰（St.Johns）2.9 万人。

从飞机上俯瞰，这里没有高山丛林，是片较为平整的土地。

安提瓜岛四周参差不齐的海岸线极不规则，构成上百个大大小小的扇形海湾，疑似蝙蝠，却又似像非像，让人琢磨不透，产生很多联想。1493年哥伦布航海来到这里触景感叹，想到西班牙塞维利亚大教堂中一尊神秘的圣母雕像的名字，于是将这个岛称为"安提瓜岛"，一直沿用至今。

* 俯瞰安提瓜主岛像只蝙蝠

　　安提瓜岛大体是平缓起伏的丘地，最高海拔仅 63 米。在这片古老的土地上，原先生长着茂盛的原始森林，密不透风，森林中生活着石器时代的西沃人，他们是在公元前 3000 年从南美洲迁来，靠打鱼和采摘果实维持生计。1632 年英国人进驻该岛，并从非洲贩卖大批黑奴上岛，砍伐掉遍地的原始森林，建起大片大片甘蔗种植园，与此同时又在甘蔗田里建起一座座制糖厂。从 17 世纪 50 年代到 18 世纪，甘蔗种植园规模达到顶峰，整个岛上先后建起 200 多座用来粉碎甘蔗的风车，严重破坏了生态环境。安提瓜岛，遭到灭顶之灾！而殖民者将大量生产的蔗糖运走，留下的却是灾难。直到 1981 年安提瓜会同巴布达才作为一个国家获得独立。

　　在安提瓜岛踏访，我特意去了最古老的"贝蒂的希望"甘蔗种植园了解情况。这个种植园坐落在岛的中部偏东，当驱车来到这里时，除了两座完整的高高的风车外，留下的是大片大片的破砖烂瓦和残垣断壁，被掩埋在荒草野地里，一片狼藉。破败至此，给人一种悲凉之感！在一幢半倒塌的厂房里，我采访了留守人员。他说："这个'贝蒂的希望'甘蔗种植园始建于 1674 年，其中制糖厂直到 1924 年才关闭废弃，一共经营了 250 多年。

* 破旧残存的风车

* 殖民时期的建筑

当年这里共雇用 310 名非洲黑人，每个奴隶种植一公顷甘蔗田，劳动量很大，不少黑人奴隶承受不住而跳海自尽。慢慢地只能放弃种植，土地荒凉起来。"顺着这位留守人员的手指方向，我看到远处荒芜的野地长满金合花树，还

* 今日的安提瓜岛

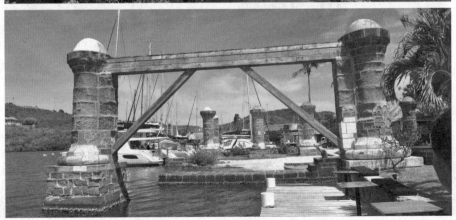

有干枯了的茅草。原来，这些地都是昔日的甘蔗田。离风车不远处有一间简陋房屋，屋内陈列着当年的劳动工具，有黑奴收割甘蔗的照片，还有黑人逃跑后留下的工具。

这时，留守人员指着黑人自尽照片继续介绍说："东边海滩印第安村岬角有个魔鬼桥，一些黑人逃到那里跳海自杀，为此才有了魔鬼桥的称谓。"

来到魔鬼桥，只见这里的海水波涛汹涌，浪花飞溅，一座石桥突兀地跨在海边，桥两边冒着海水，底部却显塌陷，看上去摇摇欲坠，极其危险！让人望而生畏，不敢贸然上前。其实，这座破败的岩石桥并非人工所为，是大西洋的波浪冲击而形成的一座天然石灰石拱桥，海浪不断从桥孔中穿过，溅出阵阵飞浪和喷泉。当年，黑人不满殖民统治，不忍被奴役，生无所望，便逃到桥上跳海自尽。

* 海边的魔鬼桥

在魔鬼桥边，陪同采访的当地向导兼翻译对我说："当时对砍伐原始森林种植甘蔗田也有持不同意见者，但往往遭遇不幸。"这时，向导停顿了一下，讲述了这样一个历史人物。正当种植甘蔗田蓬勃发展之际，1784 年英国派来一个名叫霍雷肖·纳尔逊的将军，他率领着皇家海军"波里厄斯"号来到安提瓜岛，当时他是这艘旗舰的船长，为上校军官，他要在这里执行三年任

务。纳尔逊性格开朗，说话直爽，他登岛上岸后看到森林被无度砍伐和破坏，
生态环境遭到破坏，于是颁布一项法令，禁止种植园主扩大甘蔗种植面积，
禁止与美国做蔗糖生意。然而，这一法令的发布却引起很大争议，遭到种
植园主及商人的强烈反对，这使得他很快陷入困境。对于纳尔逊将军而言，
那是一段最艰难、最困苦的经历，他把这里比作地狱，甚至时常跑到其他
岛屿去，避免遭遇谩骂和责难。1787 年，将军任期届满，但他却已病入膏肓。
在回国的航船上，他命令下属将一大桶灌装朗姆酒放置在船尾，并叮嘱："我
万一死在途中，请把我的遗体放进酒里保存，回归故乡……"

这就是英国军官纳尔逊，他在当时那种环境中提出的见解，值得后人
思索……

为了纪念这位将军，这个小小岛国的政府部门，在纳尔逊当年工作的
地方开设了"纳尔逊船坞国家公园"。在安提瓜踏访期间，我专程前去追踪
采访，重温他的足迹。

* 纳尔逊船坞国家公园博物馆中的纳尔逊像

纳尔逊船坞国家公园处在南部海岸安提瓜原来的首府富尔茅斯港，面积 31 平方公里。当我站在岸边，看到的是一个天然的避风港，港口之中停靠着很多船只。港口旁边设有一个博物馆，门口耸立着纳尔逊的雕像，凝望着前来参观的人群。走进博物馆，首先看到的是纳尔逊的画像，还有他的生平介绍。走上二楼展厅，眼前是纳尔逊站立着的画像。整个展厅，陈列着纳尔逊的手稿、信件等遗物，刻录着他在安提

瓜三年的艰辛足迹……

安提瓜岛并不很大，不到一天的时间就踏访完了。期间，去了首都圣约翰，它的标志性建筑是建于 1683 年的圣约翰大教堂，教堂南门口立有"神者圣约翰"和"施洗者圣约翰"两尊雕像。教堂的后身是 1750 年建造的法院楼，为新古典主义风格的古板守旧的建筑样式，现已改作国家博物馆。市区西北岬角为詹姆斯堡，由詹姆斯二世 1706 年修建。

* 安提瓜岛的地标圣约翰大教堂

* 岬角詹姆斯堡

在安提瓜岛的最南郊，登上了雪莱山顶，参观了 1781 年英军建造的雪莱要塞遗址、雪莱高地瞭望塔以及雪莱守望楼等。

中国与安提瓜建立了友好关系，中国在此援建了国际机场，修建了体育场等。

安提瓜，透过古老的建筑群，看到了它沧桑的历史。那大片荒芜的甘蔗田，诉说着凄凉的过往，怀恋着曾经的传奇人物。

＊土著居民色彩斑斓

蝶状双子岛瓜德罗普（法）····

瓜德罗普岛（Guadeloupe）位于小安的列斯群岛中背风群岛的南端。它的形状像蝴蝶的两只翅膀浮在大海中，其中，西翼称巴斯特尔，面积943平方公里；东翼叫格朗德特尔，面积570平方公里；为蝶状两个双子岛，中间由莎蕾海峡水道分隔，加上附近6个小岛，总面积1702平方公里，人口40万，省府为巴斯特尔（Basse Terre）市。瓜德罗普最早的居民为土著人，16世纪由西班牙统治，1635年被法国占领，后法英两国几度争夺，1815年又回到法国手中。1946年成为法国的一个省，1977年被划为法国的一个大区。

来到瓜德罗普岛，我首先踏访了当年哥伦布的登陆点，位置在巴斯特尔东部沿海一个叫圣玛利亚的地方。

这是一座绿地广场，中间竖立着一座耸入云天的纪念碑，上方是哥伦布的雕像，碑座记载着哥伦布到达时的情况。1493年哥伦布千里迢迢航海来到这里，看到岛上芳草萋萋，溪流遍山，瀑布众多，感叹这方土地的纯净。于是，哥伦布为岛起了一个名字"瓜德罗普"，这是西班牙一所著名修道院的名字，比喻此地幽静、纯洁。

* 哥伦布登陆瓜德罗普岛纪念碑

* 螯虾瀑布

其实，在哥伦布到来之前，该岛就有个名字叫"卡鲁克拉"，是加勒比人起的，当地语的含义是"绿水青山"。

绿水青山。身临其境，沿途看到的山水真真切切。

在向导的带领下，穿过热带雨林，来到巴斯特尔中部德克斯马维尔山峦中的螯虾瀑布（Cascade aux Ecrevisses）。只见水流直喷而下，吐泻而出，浪花四溅，非常壮观。瀑布从悬崖峭壁上倾倒而下，在山脚形成一池清澈见底的荷塘，许多人在水中嬉闹玩耍，打破了山林的寂静。为什么叫螯虾瀑布？瀑布前立有好几处木牌，详细介绍了缘由。原来瀑布下的河流中，有着多种鱼虾蟹。

从螯虾瀑布下行，穿过一片热带雨林和崎岖的山路，我们来到了卡贝特瀑布（Chutes du Carbet），这个瀑布深埋在丛林中，要比螯虾瀑布大得多，水量也充足，更为壮观。但须付出的体力也更大，攀爬的山路更长，但风景这边独好。面前那汹涌澎湃、势不可挡的山泉，像一条银河从天而降，形成的雾气蒸腾而起，染白了周围的树林。

以上两处瀑布均在瓜德罗普国家公园之中。公园面积很大，有两万多公顷，园内有瀑布、山林、动物和鸟类。

出瓜德罗普国家公园东行，来到蝴蝶状瓜德罗普岛的西翼巴斯特尔和东翼格朗德特尔结合部的海港。眼前大型的龙门吊，高大的铲车，厚重的运载机，一派热气腾腾的繁忙景象。那成群的集装箱，一堆堆、一片片，像山一样耸立在海边。据工作人员介绍，这个港口在整个加勒比海中是较大的一个，年装货量为40万吨，卸货量250万吨，其中有很多来自中国的货物，

* 海港

港口还专门设立了一个电视台，发射频率很高，覆盖了加勒比大多数海岛。

通过这个港口，可以看出瓜德罗普的富足。

走进瓜德罗普岛东部的格朗德特尔地带，不像西部的巴斯特尔山林覆盖，气候湿润，这里是高原丘陵，气候明显干燥。走到皮特尔角城已是口干舌燥。此城始建于 17 世纪，比首都巴斯特尔市古老得多，也是外来客人首选之地。走在老城区，有很多殖民时期的建筑，保留了原始状态。街边

* 殖民地时期建筑

很多五花八门的墙，不得不让你止步观看，还有一些老宅子，尽管已经破损，但花花绿绿脱了颜色的外观仍是一大景观。街头雕刻也很多，式样各异。

古街上，还可以看到很多丑陋的海盗图画。据介绍，瓜德罗普岛是加勒比海地区十大海盗岛之一。这里属于多岩石的岛屿，是历史上非常著名的海盗基地。1630年由于劫持西班牙的商船而被法国政府驱赶的海盗就定居在这里。在影片《加勒比海盗》中，瓜德罗普岛就是海盗首领Jack和Will最先赶赴的岛屿。影片的取景地也在此地。

在市区，我参观了奴隶解放纪念碑、大教堂、舍尔歇博物馆、花卉市场和加勒比人的庙宇，最后来到胜利广场。广场周围全是殖民时期古建筑，参天的棕榈树和芒果树显得苍老古旧。在绿草坪上，有着很多树雕、木雕

＊群雕

＊胜利广场

* 接受电视台记者采访后合影

和人物雕像，还有个喷水池。广场尽头是一个旧码头，波光粼粼，水天一色，更显示出广场的宽广和大气。在这里，恰遇瓜德罗普电视台的记者，我们进行了交流，并接受了采访。我的感言是：瓜德罗普，既保存了原始状态下的自然风光，又创造了当今世界上的现代文明，现代与原始的融洽，造就了一个美妙的海岛！

归途中，下起了连绵细雨，窗外的风光更加美丽，纯洁、幽静。我这才真正感悟到这个岛名的真正含义！

红雨随心翻作浪，青山着意化为桥。这就是瓜德罗普岛！这就是皮特尔角城！

温馨提示

背风群岛包含了几个小小的岛国，对于中国人来说，去的人不是太多。但对于欧洲人来说，是度假旅游的好去处，尤其是欧洲的冬季，人们纷至沓来，享受海岛的温暖和沙滩的日光。背风群岛各岛屿都很安全，作案的极少，不必担忧，只管放心旅行。值得提醒的是，这个群岛有一处被联合国列为的世界文化遗产，即硫黄山要塞，又称布里姆斯通山城堡，很有看点，可不要错过机会。到背风群岛诸国和地区，中国没有直达的航线，只能转机，或从波多黎各直飞或直航。关于签证，因为都是一些小小的岛国，落地签即可，这些岛国都与中国有外交关系，对中国客人是友好的，不会拒签。

第九章

向风群岛

火山分布的地方

向风群岛处在加勒比海东部，位居小安的列斯群岛系列的下端，坐落在一条南北走向的火山山脉上。这条火山山脉分布在大西洋和加勒比海两大板块相碰撞而形成的地壳断裂层面上。山脉中露出海面的岛屿大都处于活动期。向风群岛地势较高，有活火山、沸腾湖、硫黄泉和温泉。火山灰的堆积，造就了肥沃的土地，适合植物生长。这里有著名的甘蔗林、肉豆蔻、葛根粉……

去多米尼克火山岛看沸腾湖 ●●●

多米尼克（Dominica）是个小岛国，然而它却拥有一处世界自然遗产——三峰山国家公园。多米尼克是一个神秘之岛，这里拥有世界上最后一处未经破坏的原始热带雨林，有上千种名贵花卉、300多处瀑布、星罗棋布的火山喷气孔和温泉，还有一个世界现存唯一活动的沸腾湖。这个岛被谢尔曼旅游网站列入"世界前10位生态旅游热点之地"，并被誉为"巨大的植物实验室"，还被一家知名旅游杂志评为"世界最值得去的25个旅游目的地之一"。

晚上到达多米尼克，在一家中餐馆就餐后已是夜里10点多。饭间，餐馆老板介绍了这里的情况。

多米尼克岛在古代加勒比人时期称之为"瓦图库布里"，意为修长的身材。1493年哥伦布来到这里时将该岛改名为"多米尼克"，在西班牙语中意为"星期天"，因为哥伦布到达那天恰为星期日。哥伦布登岛后被这里奇异的风光所迷恋，他在航海日记中写道："山峦之美太惊人了，若非亲眼所见，让人很难相信。"因为风光之美，环境之好，多米尼克在18世纪50年代被法国殖民者首先占领，1763年被英国控制，直到1978年才宣布独立。

* 俯瞰城貌

多米尼克处在向风群岛最北端，长 47 公里，宽 26 公里，面积 751 平方公里，人口 7.5 万，92% 是黑人。这是一个火山岛，为向风群岛中面积最大的火山岛，其迪亚布洛延火山高 1447 米，是向风群岛中的最高点。

我的驻地在一个海湾，对面即是总统府和议会大厦及古教堂。清晨，我在驻地周围采风，将主要建筑一一拍照，留影纪念。

* 多米尼克总统府

* 议会大楼

首都罗索（Roseau）坐落在罗索河的出口，是加勒比海唯一有河流穿过的首都，面积 5.4 平方公里，人口 2 万。岛上最早在此定居的外国人是法国移民，1632 年当他们来到这个河口时，见到很多芦苇，便以法语“罗索”命名，意为“芦苇”。之后英国人也来到这里定居，自此两国开始争夺主权，而且非常激烈，法国人一气之下于 1805 年将罗索焚毁。1979 年罗索遭受飓风袭击，几乎夷为平地，可以说，罗索历经磨难。

走在城区，可见被损坏的建筑凄凉地散落着，伤痕累累，枯黄的小草在墙缝中挣扎生长。城区最繁华之地为乔治大道，沿街有大市场、小商店、咖啡厅、餐馆等，街头有演艺的、说唱的、表演的，热闹非凡。在通向海滨港口的路上，车水马龙。时下，恰遇大型邮轮靠岸，涌向城区的人流像

* 街区中心一侧是被烧毁的建筑

* 街头演艺

* 色彩艳丽的小房

潮水一般。

在罗索，我踏访了奴隶解放纪念碑、土特产品市场、海边古堡、圣公会教堂、道比尼广场和国家博物馆。

博物馆里的英国女作家琼·里斯的物品倍受吸引。里斯1894年出生于罗索，母亲是一个庄园主。16岁时她去了英国，嫁给一位诗人。里斯酷爱文学，勤于写作，她将自己的生活经历写成书，出版第一本小说《左岸》。之后，她又回到罗索，写了《辽阔的藻海》，在这部小说中，她对《简·爱》中的科斯韦这个人物进行重新塑造和升华。

罗索周边有好几处值得一去的景点。从城区朝南顺环岛公路行车半个小时，来到一处温泉海滩。那沙滩上有数不清的温泉眼，喷吐出的水温度很高，再试试海水，也是温热的。为此，政府在这里开辟了一个旅游景点，让来客下海享受温水浴。海岸边有一个渔村，旁边是个古老的教堂。

* 古教堂

沿环岛公路继续朝南走到多米尼克岛的最南端时，出现一个探进大海里的窄小半岛。半岛是一个黄色土丘，寸草不生，上面建有一些警卫队设施，有两个穿警服的人把守，拒绝参观。但这里的风景非常漂亮：大海、渔村、青山，加之美丽的海湾和碧蓝的天空，像一幅油彩画卷呈现于眼前。

这一带有很多种植园，顺路踏访了一个名叫博伊斯考特里特的种植园。当我走进去才知道，这是一个很古老的庄园，里面住着一对英国夫妇，他们的祖辈已在此经营 200 多年，现已列为国家历史名迹。庄园中古木参天，花草芳香，好像到了世外桃源。最值得一看的是建园初期留下来的房舍，虽然有的已经倒塌，但透过这些残垣断壁，依然可以想象到当年创业初期的艰辛。目前，这个种植园主要经营咖啡、可可、甘蔗等种植业，雇佣着两个黑人。离开时，庄园主夫妇和他们的两个孩子（均在英国读书）及两个黑人雇工全部出来送行，非常热情。

首都罗索的夜是难忘的。窗外，阵阵花香，伴随着轻轻的海浪……

次日清晨，要爬山了，要去多米尼克乃至加勒比海地区最大的亮点——三峰山国家公园中的沸腾湖畅游，它是世界上独一无二难得一见的沸腾湖，三峰山也因此被列为世界遗产吧。

去沸腾湖要付出辛劳，需徒步来回至少 8 个小时，同时要雇佣当地人带路。

* 去往种植园途中做客农家

* 庄园里残存的古房显示了它的历史和沧桑

出发了！时间是清晨 8 点整。我是从特拉法尔村启程的，这里有一处瀑布顺路可看。特拉法尔瀑布处在罗索郊外 8 公里处，是双瀑布，高 60 米，左右两边的水一温一凉，当地人分别称"父亲泉"和"母亲泉"，很是奇妙。

* 深入热带雨林

没有公路，皆是山间小道。我被淹没在茫茫的热带雨林中。途中，不见一个人影，看不到一个村落，瞧不见一间农舍。据向导小斯斯介绍："三峰山国家公园占地 6880 公顷，它不只有一个沸腾湖，里面还有火山爆发遗址、山顶湖、火山喷气孔、硫黄温泉、间歇喷泉、博达湖、米德尔汉姆瀑布、斯丁金荷尔蝙蝠洞、翡翠塘等，统统处在热带雨林中。而奇花异草、丛林高树吸引了很多动物和鸟类。其中仅蛇就有 10 种之多，特别是蟒蛇，大得惊人。"说完，他折了一根木棍交给我，意思是边走边打草惊蛇。不知也罢，这么一说我反而有些害怕起来。

大约走了一个多小时，路过一个小型沸腾湖，直径大约有 30 多米，里面的泥浆翻滚着，像开了锅一样冒着热气。小斯斯说，像这样的小沸腾湖这里有很多，因为三峰山本身就是一个活火山，所以形成了很多温泉湖、热气孔和硫黄洞。

＊小沸腾湖

树越来越密，地越来越湿，天越来越暗。我更加害怕起来，生怕有动物袭击，或碰到蛇之类的爬行动物。这时小斯斯说："不用怕，这里的蛇大都是无毒蛇，至于蟒，非常隐蔽，不容易被发现。"但我心中还是忐忑：话虽这么说，担心还是少不了的！

两个小时过去了。眼前突然出现一条山谷，狭小而细窄。小斯斯说，这叫荒凉谷。顾名思义，这里绝无人烟，荒芜凄凉。眼前没了路，脚下全是石头块，溪水又黄又臭，一股股硫黄味，令人难以呼吸。顿时，天地变换成另一个世界，一棵树一棵草也没有了，荒凉至极，山穷水尽而疑无路。如若身体不好，会被硫黄而熏晕。此时，小斯斯一把扶我前行，生怕我被这刺鼻的异味熏倒。实际上，我确在咬牙坚持着行走，不是因为路，而是这味道。

柳暗花明。大约走出半个多小时，又见绿树花草。总算过了荒凉谷。这时，小斯斯对我说："可以向荒凉谷说一声再见了。"我想：再什么见啊！回来还要走啊？

开始攀岩了！真正需要体力的时刻到了。悬崖陡峭，千仞绝壁，呈现在面前，这要比荒凉谷付出的力气大得多！小斯斯选择了一处可攀的岩壁，他拉着我的手一步一步攀登。攀啊攀！爬呀爬！衣服湿透了，鞋子磨破了，手上起泡了，实在太艰难了……

几经攀爬，终于在下午一点多钟到达海拔 700 米的山顶。沸腾湖，像一口大锅似的火山口展现在面前。只见热雾袅袅，水汽蒸腾，湖水沸滚，煞是壮观！这就是闻名于世的三峰山沸腾湖，这就是世界现存的独一无二的活动的沸腾湖！有生之年终于目睹了这一神奇的自然景观！

* 沸腾湖

沸腾湖，以及三峰山周围 50 个冒着泥浆的喷气孔、3 个淡水湖及荒凉谷，一起被联合国列为世界自然遗产，此行不虚！

由于这里地质景观十分特别，电影《加勒比海盗》在此取了很多的场景。

下山的路上，在小斯斯带领下，绕道去了博里湖和一个淡水湖，最后赶到劳达特村。

日落西山，天色已晚。回到罗索驻地已是繁星点点，万家灯火。

多米尼克小岛，令人流连忘返……

三峰山沸腾湖，让人终生难忘……

* 温泉海滩

美女岛马提尼克（法）•••

登陆马提尼克岛（Martinique），顿感进入鲜花的海洋，那真是一个艳丽的世界，不仅花美，人也美，尤其是女士。加勒比人语称这个岛为madinina，意为"花之岛"；阿拉瓦克人叫 matinino，意为"女儿岛"或翻译为"美女岛"；1502 年哥伦布登陆后万分陶醉，他用诗一般的语言描述岛上美丽多情的女人。而拿破仑的第一任妻子，风姿曼妙的法兰西王后约瑟芬，就出生于此。

* 马提尼克机场装饰成花的海洋，连飞机机身都是花。

* 办理手续的美女

不管"花之美"还是"女人美"，历史可以作证。不然，为什么当年法国皇帝拿破仑选择马提尼克岛上的姑娘结婚？为什么当年哥伦布称马提尼克岛上的"女人美"？

马提尼克是向风群岛中较大的一个岛，长 60 公里，宽 30 公里，面积 1128 平方公里，人口 40 万，主要为黑白混血人，其次为黑人。马提尼克历史悠久，早在公元 300 年，阿拉瓦克族人在此居住，14 世纪末期加勒比族人进入，1635 年法国移民初次登岛，1674 年被法国占领并被宣布为法国领地。1902 年培雷火山爆发摧毁了圣皮埃尔城，导致 3 万多人丧生，为此首府迁至现在的法兰西堡。1946 年成为法国的海外省。

* 美丽的港湾

　　进入马提尼克，首先来到这个有 10 万人口的首府法兰西堡（Fort de France）。公路宽、桥梁大、楼房高、设施好，一派现代气息！感觉上就是走进了一个现代化大都市。从建筑到交通，这里的基础设施明显好于其他岛屿，显示出法国对马提尼克的投入之大。

　　穿过车流，挤出人群，来到城区中心的萨王纳广场。广场周围有政府大楼、圣路易大教堂、舍尔歇图书馆、马提尼克历史考古博物馆、圣路易斯堡、哥伦布雕像和约瑟芬雕像等。

　　其中，最有特色的建筑为舍尔歇图书馆，那暗红色的墙体极具美感。"舍尔歇"是一位奴隶运动的领袖，图书馆便是以他的名字命名。大楼集拜占庭风格、罗马风格和新艺术风格三位为一体的设计，非常奇特和新颖。据介绍，这座融合多种风格的建筑并不是在此地建造，而是从异地搬来的。1889 年巴黎举行万国博览会，法国专门建造了会馆，闭幕后将其拆卸运到马提尼克，

* 萨王纳广场

* 舍尔歇图书馆

* 历史考古博物馆

* 政府大楼

然后重新组装起来，就是这座图书馆。图书馆内设计也非常独特，并收藏了很多书籍。

广场东南岬角上的圣路易斯堡已有300多年的历史，是法国人1639年建造的。这座城堡要塞布有26门大炮和多处射击口，对保护马提尼克起了主要作用，包括1674年的荷兰攻占和18世纪的英法之战。

马提尼克历史考古博物馆主要展出1502年哥伦布到达之前的加勒比人和阿拉瓦克人原住民文物，其中有公元前4000年的工具、陶瓷和生活用品。

最后来到竖立在一片绿地之中的约瑟芬雕像前。约瑟芬，当地语为"大型的鲜花"之意。这是一座汉白玉制成的全身石像，婷婷袅袅身姿，栩栩如生，尤其是下垂的衣裙，好像在随风飘动，十分逼真。但是，这个活灵活现的女人雕像却失去了头部。尽管如此，从衣着、形体、仪态上看仍不失一位浑身散发着迷人风韵的贵妇，这也反倒让人产生更多美的想象！在石像的碑座四周，刻有约瑟芬在皇室活动的场面，记述了一个法兰西王后的奢靡生活。

* 亭亭玉立的约瑟
芬雕像

* 圣路易斯堡坐落于海岸岬角上

为什么雕像没了头部？据在场的向导兼翻译介绍："法国皇后约瑟芬是地地道道的马提尼克人，作为一个马提尼克人，很为之骄傲和自豪，但是，有人透露她做皇后时曾怂恿拿破仑恢复奴隶制，因此 1991 年一天夜里，有人偷偷将约瑟芬雕像的头砍掉了，且不知去向。"

随后，我们乘船通过法兰西堡湾到达对岸，来到三岛镇附近的托洛瓦级莱村，这里是约瑟芬的故乡。约瑟芬于 1763 年出生在这个小村庄，她的住宅现已改为拉帕格里纪念馆。为什么叫"拉帕格里"纪念馆？因为约瑟芬名字全称为：玛丽·罗丝·约瑟芬·塔契·德拉帕格里，纪念馆取了后面 4 个字。据当地村民介绍，约瑟芬聪明伶俐，智慧超人，从小就惹人喜爱，

* 朝气蓬勃的女郎

* 秀发之美

* 马提尼克的特色建筑

成为当地一位文雅、仁慈、俊俏的姑娘。她一直在这里生活了 16 个年头才离开自己心爱的家乡。

据介绍，约瑟芬 1796 年与拿破仑成婚，那时她 33 岁，拿破仑 27 岁。据载，当拿破仑第一次见到约瑟芬时，娇柔、纯洁、善良和出众的容貌深深地打动了他，很快便决定要娶这位大他 6 岁的马提尼克出生的富家遗孀为妻。法国泱泱大国，而法国女郎又在全世界出名，但拿破仑却偏偏钟爱加勒比海一个小岛上的女子，可见约瑟芬的吸引力，尤其拿破仑将约瑟芬推举为皇后之后，当时在全世界成为关注的热点。马提尼克海岛，也因此出了名。

作为马提尼克的历史人物约瑟芬曾经在故乡居住过的这幢房屋，已经由当地政府保护起来。我看到，馆内展出着约瑟芬当年使用过的家具和生

* 俯瞰城貌

活用品，最引人注目的是这里还存留着拿破仑当年写给约瑟芬的情书。在现场，向导兼翻译特意朗读了一遍——

我亲爱的约瑟芬：

自从与您分手后，我一直闷闷不乐，愁眉不展。我唯一的幸福就是伴随着您。您的吻给了我无限的思索和回味，还有您的泪水和甜蜜的嫉妒。我迷人的约瑟芬的魅力像一团炽热的火在心里燃烧。什么时候我才能在您身旁度过每分每秒，除了爱您什么也不需做；除了向您倾诉我对您的爱并向您证明爱的那种愉快，什么也不用想了，我不敢相信不久前爱上您，自那以后我感到对您的爱更增加一千倍……唉，让我看您的一些美中不足吧。再少几分甜美，再少几分优雅，再少几分温柔妩媚，再少几分姣好吧……您的眼泪使我神魂颠倒，您的眼泪使我热血沸腾。相信我，我无时无刻不想您，不想您是绝无可能的。没有一丝意念能不顺着您的意愿……回到我的身边，不管怎么说，在我们谢世之前，我们应当能说："我们曾有多少个幸福的日子啊！"千百万次吻！

拿破仑·波拿巴

透过这样一封情意绵绵的书信，可见当年拿破仑对约瑟芬之爱是多么的深沉！透过这封情书的辞藻，也可见约瑟芬这位马提尼克之女是多么的迷人和漂亮！

"花之岛"！"美女岛"！

约瑟芬，一朵绚丽芬芳的花！一位昔日法国的皇后！

约瑟芬，她是马提尼克的形象和符号！她代表了马提尼克的"鲜花"、"美女"……

火山之国圣卢西亚 •••

  圣卢西亚（St .Lucia）像一个鸭梨躺在向风群岛中部，北边是马提尼克岛，南面是圣文森特岛。这是一个火山岛，长 43 公里，宽 23 公里。这个面积只有 616 平方公里的小小岛国有一处 2004 年被联合国列为的世界自然遗产——皮通山保护区。

  圣卢西亚的看点大都在海岛的西海岸，驱车一天的时间即可赏尽。我住在岛最北端的格罗斯埃立特镇，清晨，我沿环岛公路西岸南下，10 分钟车程便来到首都卡斯特里（Castries），这是一个很小的城镇，始建于 18 世纪 60 年代初，当时法国海军部长马雷歇尔·德·卡斯特里的船停靠在港湾，看到这里依山傍水，风光秀丽，便开始在此建城，并用自己的名字命名这座城市。目前这个城镇已发展到 5 万人，占全国人口的三分之一。城镇只有拉博里街一条主要马路，国会和法院都坐落在这条街道上。街头有一个小广场，无警察，无红绿灯，车辆和行人虽不太多，但也显得有些混乱。广

* 圣卢西亚首都卡斯特里中心广场

* 城区中心地标建筑

场一侧是一排红色建筑，那是农贸市场。

走到圣母纯洁大教堂，喧闹的古镇一下子沉静下来，居民们顺次走进教堂去祈祷。教堂旁边是一片很大的绿地，名为德里克·沃尔科特广场。旁边有一棵上千年的萨曼树，当地居民视其为神树，上面系着很多红色的布条。广场中心立有德里克·沃尔科特的塑像，他是一位诗人兼剧作家，1992年获诺贝尔文学奖。这个国家还有一位诺贝尔奖获得者，名叫阿瑟·路易斯，曾获诺贝尔经济学奖。广场四周是老式的西印度群岛风格的旧式房屋，城区就是从这里开始向外发展起来的。

* 沃尔科特广场旁的教堂和古树

出城区，沿盘山公路向上攀爬，车窗外是著名的海湾，被陡峭、丛生的树木包围，透过树的缝隙可俯瞰卡斯特里小镇，风光十分秀美。

当汽车掠过右边的旧总督官邸之后，一脚油门随即登上财富山头。站在山顶看到几门大炮和破旧的房子，还有一座白色的纪念碑。据向导卢女士介绍，这是英法战争遗址，被保存了下来。1796年，英国军队第27恩尼斯基伦团的士兵们，经日夜激烈战斗，将法国军队打败，占领了财富山。

＊ 山顶上俯瞰海湾中的
全城风貌

＊ 旧总督官邸

＊ 财富山上的白色
纪念碑

这场战斗伤亡惨重，是圣卢西亚有史以来最惨烈的一场战役，作战实物存放在夏洛特堡，作战遗址对外开放。谈到战争，卢女士说："圣卢西亚的北边是马提尼克岛，历史上一直由法国控制和占领。因为圣卢西亚战略位置较好，1639 年被英国人占领，1651 年法国人夺回，自此法国和英国一直争来夺去，岛上的国旗因此变换过 14 次。最后一仗是 1796 年打的，英胜法败。该岛直到 1979 年才获得独立。"说到这里，卢女士又补充了一句话，"在我们的国歌中有一句唱词，西方国家为它的争夺已经过去……"

汽车下山后沿西海岸前行，右边是平静的加勒比海，左侧是茂密的山林。经过 20 分钟车程，汽车停靠在海边的安拉雷页渔村。这是一个以打鱼为生的村寨，利用沿海的优势家家户户出海撒网，然后将捕获的鲜鱼出售。在村边，恰遇一个渔民出海打鱼归来，看到满船的长条鱼活蹦乱跳，我便上前采访了这位渔民——

* 展示鱼艺　　* 卖鱼卖了好价钱

问：您这一船鱼有多重啊？

答：大约 200 多公斤吧！

问：能卖多少钱呢？

答：50 美元。

问：出海多远呢？

答：20 多公里。

问：是您单独出海吗？

答：还有三条船同行。

问：您家几口人呢？年收入多少呢？

答：一万多美元。全家共有 8 口人，父母、妻子和 4 个孩子。

渔民接受采访后跳进海里，做了一次空手抓活鱼现场表演，使得在场的人大开眼界。

汽车启动了。窗外山越来越高，树越来越密，海越来越蓝……

穿过大片热带雨林后来到苏弗里耶尔镇，苏弗里耶尔在当地语中意为"硫黄"。镇旁两座秀丽的山峰，如双塔，似箭头，耸立在海岸，拔地而起，直上云霄，太漂亮了！原来，这就是世界自然遗产皮通山。卢女士介绍：

* 被联合国列入世界
自然遗产的皮通山

"皮通山由海中突起的两个火山锥体构成，一座是葛洛斯峰，另一座为佩提峰，海拔分别为 770 米和 743 米，两山之间以米顿山脊相连，形体突出，几乎在圣卢西亚每个角落都能看到它，可以说它是圣卢西亚的地标。"

* 钻石瀑布

在皮通山附近，我踏访了钻石植物园。这个不足 2.4 公顷的植物园长满了奇树怪林，奇花异草，还有被称为圣卢西亚"自然奇观"的钻石瀑布。从火山上流下来的瀑布奔泻而下，那涓涓流水，更凸显了植物园的幽静和清新。钻石植物园景色迷人，多次荣获世界旅游网站所评选的大奖！原来，它就出自圣卢西亚这个小小岛国。

圣卢西亚还有一个必去之处是火山硫

* 火山硫黄温泉

黄温泉。当驱车靠近这里，一股股硫黄气味扑鼻而来。站在山前，只见山上冒着气，依稀可见水汽下的泉眼翻滚着的泥浆。据称，这里是世界上唯一可以开车进来参观的火山口。火山口面积为 3 公顷，流出的硫黄水可以治疗多种皮肤病。

摩尔卡巴里农场距离火山不是太远。当我们来到这里，看到参天的椰子树遍布山野。这里其实是一个古老的植物园，建于 1713 年，至今还存留着过去两个世纪风格的建筑和奴隶的住所，木制房，茅草屋，旁边是富丽堂皇的孟普尔家族的豪宅。这里仍使用毛驴作动力，碾压甘蔗。现场，我品尝了甘蔗鲜汁，非常鲜美甘甜。当我走向种植园时，一位农场工作人员展示了椰了的采摘、剥皮、刮肉和烘干过程。在可可加工房，一位中年妇女正在繁忙地筛选出变质的豆子。在这里踏访，看到一切都那么古朴原始、环保自然。

夜幕垂降，峰回路转。不到一天的时间，便走完了这个小小的岛国。圣卢西亚，虽然没有什么太让人感叹之地，但美丽秀气的皮通山景色给人留下深刻印象，它不愧为联合国选定的世界自然遗产，很值得一看！

* 农场雇工展示椰子果加工

* 兜售纪念品的老翁

野性之岛圣文森特和格林纳丁斯 ●●●

这是一个带有"野性"的岛国。

这是一个欧洲人"惧怕"的国度。

这就是圣文森特和格林纳丁斯（St. Vincent and the Grenadines），一个加勒比海中很小的国家，主岛圣文森特长 29 公里，宽 18 公里，是向风群岛中最小的一个岛屿。这里满是陡峭和崎岖的山地，丛林密布、沟壑纵横、荆棘满坡，是一个非常隐蔽的地方，因而也曾是海盗、罪犯和土匪活动猖獗之地。

初登圣文森特岛，看着山崖上密密麻麻的原始森林和一个个黑色的洞穴，确有望而生畏之感，听向导范先生介绍后才轻松了许多。

* 主岛圣文森特全景
（任铁良 摄）

范先生说："这都是过去的事了，历史上这里确实很野蛮，这与人种和环境是分不开的。这个岛上的原住民为西沃人和阿拉瓦克人，他们世世代代生活在难于跨越的丛林中，不允许外来人侵占他们的地盘。当法国人等欧洲人来到后，他们有的被烧死，有的被扔进大海，还有的被扔进粉碎机里绞烂，为对抗外来势力，这里曾出现过多次暴动，使得欧洲人极为头疼。1783 年，英国人占领后，当地人极力反抗，绝不屈从。1795 年，当地土著人针对英国人爆发了大规模起义，烧毁英人庄园，袭击兵营，处决殖民官吏，决心收复失地。次年，英国调来了大批军队镇压了起义，控制了局面。之后，英国将大部分岛民流放到中美洲洪都拉斯湾的罗阿坦岛。与此同时，又从非洲贩来大批黑奴发展种植业。1958 年英国把圣文森特和格林纳丁斯岛纳入西印度联邦。1979 年这里脱离英国统治，获得独立。"

首都金斯顿（Kingstown）坐落在主岛圣文森特，仅有 2.5 万人，占全国总人口的四分之一，坐落在金斯顿湾 1.5 公里长的弧形海岸上，海拔只有 7 米，是向风群岛中海拔最低的首都。城区三面临海，一面为陡峭的山峰，这是一座非常漂亮而又幽静的城市。信步在哈利法克斯街和希利布罗街，看到还存留着殖民时期建筑，尤其是沿鹅卵石小路行走，感受着它的沧桑，也映照着它的历史。在城里，参观了议会大厦、战争纪念碑、码头港口、法院、土特产品市场。

金斯顿最大的亮点是圣玛丽罗马天主教堂，它是加勒比海乃至中美洲地区最富有特色的一座古建筑。来到教堂前，看到它的建筑艺术和设计风格确实独树一帜，尤其是塔楼、钟楼和尖顶，别具一格，还有那扭曲了的大麦和甘蔗，让人产生很多的想象。

夏洛特堡是金斯顿一大景观，屹立在城西的伯克郡山顶，建于 1806 年。"夏洛特"是英王乔治三世妻子的名字，将城堡冠上英王妻子的名字可见它的重要性。城堡外墙全由石头砌成，高达 180 多米，当登上堡顶俯瞰整个海湾，

* 亮丽的主街道

* 圣玛丽罗马天主教堂

一派绝美风光。城堡上多门大炮一字排开，威风凛凛。石墙上画着威廉·林西·普莱斯各特创作的历史名画《圣文森特与加勒比战争》，重现历史上在此地发生的那场战争……

* 宏伟的夏洛特堡

从城堡下来，我们启程去了金斯顿国家植物园。这是西半球历史最悠久的植物园，始建于 1763 年，占地 8 公顷。园中最引人注

* 国家植物园

目的是面包树，有许多有趣的故事。园林工作者说："为了从太平洋岛国引进面包树，1787 年威廉·布赖上校乘坐皇家海洋航船从塔希提运来。经过试种栽培，终于引种成功。这种面包树上的果实主要是让奴隶吃的，但刚开始谁也不敢吃，后来才知道它的营养价值。"行走在植物园，这里有很多热带植物，奇花异草遍布园林，还有很多鸟类。园林之大，让人难以想象它竟然建在这样一个小小的国家里。据悉，当初建园的目的是为了给英国伦敦植物园提供树种和研究资料，没想到一直保存到现在，既没有被破坏也没有被遗弃，成了众多游客参观的景点。在植物园内，还有一个国家博物馆，里面陈列着当年土著人的生活用品和劳动工具。

下山的路上，看到这里有很多葛粉加工厂，很是奇怪。原来，圣文森特和格林纳丁斯是世界上最大的葛粉生产国。葛粉，成了这个国家的经济支柱，这就是葛粉工厂林立的缘故。我顺便进入一家工厂踏访，在葛粉加工车间，隆隆的机器声和腾起的粉尘交织在一起，给人一种不舒服的感觉。

一位工人接受采访时说："这里葛粉的质量非常好，出口量很大，总是供应不求。"葛粉带来了效益，但也同时带来了污染。据悉，他们正在整治，最大限度减少污染源，以保障这里的环境不被破坏。

葛粉，也称葛根粉，是用葛的根块加工而成。葛粉是《中华本草》收载的草药，是一种名贵的滋补品，有"千年人参"之美誉。中国南方一带也有生产。

圣文森特和格林纳丁斯还是个火山岛国。主岛圣文森特北部的火山海拔1234米，是加勒比海地区最活跃的火山之一，地表频繁发生喷吐。而火山喷出的火山灰，让土地更加肥沃，促进了植物的生长。

殖民地时期建筑

次日，在范先生带领下，我们去踏访格林纳丁斯群岛。因为这个国家是由圣文森特主岛和格林纳丁斯群岛组成的。格林纳丁斯群岛位于格林纳达岛和圣文森特岛之间，由600多个小岛组成。这组小小的群岛像一条绿翡翠一样撒在56公里长的大海上。其中较大的岛有5个，由北向南分别为贝基亚岛、马斯蒂克岛、卡奴安岛、迈罗岛和尤宁岛。最大的岛为贝基亚岛，面积为15平方公里，有上百户居民。各岛均建有小型飞机场和港口，无论乘飞机或是乘轮船，交通都比较方便。

圣文森特和格林纳丁斯，这个由主岛和众多小小群岛组成的国家，最大限度地保持了当地的原始状态，让来访者回归自然……

甘蔗之国巴巴多斯 ●●●

甘蔗林、甘蔗糖、甘蔗酒，风车美女、朗姆酒帅哥、庄园贵族……

这是巴巴多斯（Barbados）国际机场大厅里的宣传画。宣传甘蔗的力度，如此之强！

走出机场，当第一脚踏上这片土地，那一望无际的甘蔗林，那耸立在甘蔗林中的一座座豪华庄园，那一处处甘蔗地里的风车，给你的第一感觉：这是一个生产甘蔗的国家！

陪同踏访的斋先生介绍："甘蔗是巴巴多斯的经济支柱，国内生产总值45亿美元中的一大部分来自甘蔗，这里人均 GDP 领先于加勒比其他国家的原因之一就是甘蔗的生产加工。"据介绍，巴巴多斯岛上的土地大部分种植甘蔗，由于紧靠赤道，阳光充足，非常适宜甘蔗生长，其甘蔗种植面积在加勒比海地区居前茅，为此巴巴多斯被誉为"甘蔗之国"。

* 巴巴多斯大片大片绿油油的甘蔗田

巴巴多斯岛是一个小巧玲珑的岛，南北长 34 公里，东西宽 22 公里，面积为 430 平方公里，孤零零横卧在加勒比海向风群岛以东 150 公里处，实际上它并不在加勒比海之列，而在大西洋之中。1511 年，葡萄牙探险家登上此岛，看到岛上郁郁葱葱的树木很多枝条垂下来，像男人的胡子，于是命名为巴巴多斯。"巴巴多斯"在葡萄牙语中意为"长胡子"。

"长胡子树"

说到甘蔗种植不得不追溯历史。那是 1637 年，荷兰人把巴西的甘蔗引进巴巴多斯试种成功，且长势良好。巴巴多斯掀起了甘蔗种植热，还引来非洲黑奴扩大种植园。当时，欧洲刚刚兴起喝咖啡热和吃巧克力热，大量需求糖。巴巴多斯抓住了这一时机，将全岛都种植上了甘蔗林，并兴建糖厂。巴巴多斯的甘蔗种植热同时也迅速扩散到加勒比海其他岛屿，尤其到 17 至 18 世纪蔗糖生产高峰时期，巴巴多斯成了加勒比海生产量最大的国家之一。甘蔗，一时成了当地的"软黄金"，甚至影响了欧洲各国的外交政策，并相继引发了历史上最大规模的贩运黑人热潮。

穿过大片甘蔗林，在向导带领下来到弗朗西亚东面 10 公里处的桑利庄园。这是巴巴多斯一处著名的庄园，有着 300 多年的历史，庄园主凭借种植甘蔗林一代一代发展壮大起来。走在庄园中，会有一种神秘感，院落里满是长胡子树，主人的豪宅是一座三层高的楼宇，门口分别摆有两门大炮。走进房间才知道它的华丽程度：清一色的红木家具、银质餐具、镶金水壶、木雕床铺、古代瓷器和非常考究的工艺品，还有中国古代陶瓷。在庄园的地下室，还保存着早期使用过的农具马车和生活用品。

又经过一片片甘蔗地，我们踏访的第二处庄园是尼古拉斯庄园，这是1650年按照英王詹姆斯一世时代的风格建造的，这种风格在整个加勒比海地区是极为罕见的。豪宅的正面上方呈三角形，楼的底层为拱门。第五代

* 桑利庄园豪华的住宅楼

* 别具特色的尼古拉斯庄园著名建筑

庄园主肯布先生居住于此。肯布告诉我："现在，庄园周围一平方公里的甘蔗林仍旧属自己，当初祖辈创业时的甘蔗林面积为两平方公里。"这座庄园的起居室，仍保存着创业年代的生活用品，还有殖民时期的老古董。在这里还可以看到当年种植甘蔗田的一部纪录片，再现了初创时期的艰辛和劳苦。有人将尼古拉斯庄园视为"寺庙"、"修道院"，其实他与宗教没有任何关系。尼古拉斯是一座地地道道的纯正的庄园。

甘蔗是制造蔗糖的原料。巴巴多斯岛上星罗棋布地遍布着很多制糖厂。在向导带领下走进博特威尔制糖厂，这是一家较大的工厂，厂院里堆积的甘蔗如山高，装载机穿梭于甘蔗垛之间，非常繁忙。走进车间，粉碎机、碾压机、过滤罐，机器轰鸣，震耳欲聋，而香甜气味扑面而来，滋润心田。厂长介绍："工厂蔗糖年产量2万吨，主要销往欧洲。"糖厂里还有一个博物馆，展出了创业初期的生产工具，还有原来的风车，那时主要靠风车转动压榨甘蔗。谈到风车，厂长滔滔不绝，他说："风车已成为文物，被保护起来。巴巴多斯有很多风车，其中摩根·刘易斯风车是巴巴多斯最大的风车，有200多年的历史，它已被列入国际保护建筑之中。风车，再现了蔗糖史上的发展，也再现了蔗糖种植的历史长河……"

甘蔗不仅可以制糖，还是制酒的极好原料。在巴巴多斯，我还踏访了世界上最古老的朗姆酒庄——凯珊朗姆酒厂。踏入厂门，看到厂院里同样垛着很多甘蔗，粉碎机碾压甘蔗声声震耳。在发酵车间、蒸馏车间，几个世纪以来都沿用着古老的工艺流程，酿造出的酒出口欧洲各地，深受欢迎。为何朗姆酒这样受人青睐，主要是它传统的酿造方法从未改变过，如果追溯这家朗姆酒厂的历史，只要看看厂里挂着的牌子就了然于胸，上面显示的年代为"1703"，距今已有300多年的历史。

在巴巴多斯，最有看点的还是首都布里奇顿（Bridgetown），这座10万余人的古城，已被列为世界文化遗产。布里奇顿是英国人1627年来到这里时开始兴建的，至今还保存着当时的建筑。英国在这里统治达300多年。

* 1703 年建的凯珊朗姆酒厂

　　沿着狭窄的街巷行走，感受这里被称为"小英格兰"的浓缩了的英国的历史街道。这是加勒比海地区不多见的古老的历史名城，城中有 1630 年建的圣玛丽教堂、19 世纪的犹太会堂、女王公园、巴巴多斯博物馆（旧"监狱"改造而成）等。

　　圣迈克尔大街上的民族英雄广场是城区的中心带，这里汇集了大教堂、议会大楼、喷水池、雕像、张伯伦桥等建筑，是巴巴多斯的政治中心，也是人们聚会休闲的场所。其中 19 世纪建造的议会大楼和大教堂是采用珊瑚石建成的新哥特式大楼。耸立在卡林内奇港边上的张伯伦桥是布里奇顿的地标，那是 1625 年英国探险队登陆后发现的一座由印第安人修建的桥，上面绘着鸟、鱼和木槿植物。圣迈克尔大教堂初建于 1625 年，据悉乔治·华盛顿曾于 1751 年在此做过礼拜。女王公园可谓是绿色满园，其中一棵巨大而久远的古老猴面包树，树身 10 个人拉起手来也抱不住。

　　布里奇顿城郊建有一个跑马场，在整个加勒比海地区是少有的，这从一个侧面表明巴巴多斯的富足和安逸。来到这里时，恰遇一场跑马比赛，一个个帅男俊女策马扬鞭飞驰在跑道上，迎来看台上数千名观众的喝彩和

* 古老的张伯伦桥

* 议会大楼和大教堂

* 女王公园面包树之大

* 跑马场里的比赛

* 美丽的卡伦海滩

鼓掌。

　　巴巴多斯不仅拥有加勒比海地区最大面积的甘蔗田，不仅拥有加勒比为数不多的一处世界文化遗产，还拥有美丽的海岛风光，被英国杂志评为"全球50个必去之地"，被誉为"西印度群岛的疗养院"，其中，以海景沙滩最为著名。在整个国土面积中，巴巴多斯五分之二的面积为沙滩，达180平方公里，沙滩有白色的，粉红色的，还有银色的。其中最好的沙滩为卡伦海滩，位于圣菲利普区，在西海岸中南部，长度为 3 公里，被公认是"世界十大美丽海滩之一"，对钟情于海滩的人们来说，这里太具吸引力了。

　　蔗糖、美酒、沙滩是大自然的恩赐。给巴巴多斯带来繁荣和兴盛的，不仅仅是"甘蔗之国"，还有"旅游王国"。这里更神秘的地方，如磁路、怪坡、哈里森洞穴、动物花卉洞、悬崖山庄、萨姆贵族城堡等，引来世界各地的游客前来观光。

* 昔日的海盗船被政府保护起来

　　磁路，位于首都布里奇顿的北端，是一段长 100 多米的柏油马路，坡度为 15 度。当汽车停在山坡中间，挂上空挡，在失去任何动力的情况下，汽车不是下行，而是上行，自动爬到山坡上，非常奇怪。后经科学家考证，这条磁路附近有一个较强的磁场，故而形成这一独特的现象。

　　怪坡在巴巴多斯近海。从首都出发 20 分钟，坐汽艇来到一个小浮坞附近，再乘潜水艇下去，海底有一段奇怪的坡度怪石木柱，坡上长满一米多高的巨大蘑菇状的"小树"，而这些"树"只有树干没有树叶，颜色为灰白色。当地人称之为"怪石林"。

　　哈里森洞穴处在巴巴多斯岛的正中间。让人难以想象的是，在大片热带雨林中，竟然还存在着梦幻般的溶洞。这是巴巴多斯最引人入胜的地方，人们一定会下到洞穴中看个究竟。洞穴长 1.5 公里，阴森可怕，潮湿而令人胸闷，洞中有很多钟乳石、顶岩、石笋、石柱，里面还有一个地下湖。

　　动物花卉洞在巴巴多斯岛的最北端。这是因海浪冲击而形成的石洞，面积足有篮球场那么大，尽管石洞中没有钟乳石之类的石柱，但洞壁上的

* 深海中的怪石柱

* 哈里森洞穴神秘莫测

花纹像手、像拳，形态各异。洞里生长着不同颜色的海葵，美丽异常。洞中还有水池，可以近距离观看摆动着小小触角的"动物花卉"。

几天的巴巴多斯踏访，留下深刻印象。临别时，接受了巴巴多斯国家广播电视台记者的采访，我的感言是：甘蔗，富了一个巴巴多斯；旅游，火了一个巴巴多斯！

再见了！巴巴多斯！这个生产甘蔗的国度！

告别了！巴巴多斯，这个多姿多彩的岛国！

* 接受巴巴多斯国家电视台记者的采访

豆蔻岛格林纳达 •••

踏上格林纳达（Grenada）这个小小的岛国，一阵阵香草气味便扑面而来，分外芬芳。后才知晓，格林纳达是个香料之国，其肉豆蔻的种植量很大，是世界上第二大生产国，出口量仅次于印度尼西亚。

肉豆蔻，是格林纳达这个岛国的最大亮点。难怪这里被称为"香料岛"、"豆蔻之岛"呢！

"娉娉袅袅十三余，豆蔻梢头二月初。"这是杜牧的一句脍炙人口的诗文。今天来到格林纳达岛才真正见到了豆蔻，又称肉豆蔻。在通往首都圣乔治（St George's）的山路上，只见漫山遍野的肉豆蔻树郁郁葱葱，比比皆是。树上挂着黄色的果实，敞开一张张笑脸，迎接客人的到来。行车中，看到处处都有"肉豆蔻"的影子：国旗上有肉豆蔻果实，国徽上有豆蔻的式样，马路边、院墙上、门窗上、凉台上、桥栏上都有肉豆蔻图标，连妇女身上穿的、手上戴的、头上顶的都是肉豆蔻三色。这三种颜色分别为黄、红、绿，黄是肉豆蔻的果实，红是种子，绿是叶子。

据向导贝利斯介绍："肉豆蔻是格林纳达的国宝，在格林纳达人的心目中太重要了，小伙子谈对象，姑娘找夫婿，首先要看家中肉豆蔻树的种植量。"

肉豆蔻树浑身是宝，尤其是果实，不仅可以做香料，还可以入药，做麻醉剂、防腐剂，是一种紧缺的原料。

行路中，我特意参观了路边一家肉豆蔻加工厂。院内，堆满了肉豆蔻原料，车间、办公室、展厅的墙上挂满了肉豆蔻的图画，展厅里布满了用肉豆蔻制作的豆蔻酱、豆蔻汁、豆蔻冻等产品。厂长是一位女士，她说："我们的产品主要销往美国，市场需求量很大，尤其是肉豆蔻香料供不应求。"

* 苍翠的豆蔻树　　* 豆蔻树局部特写

* 豆蔻果实

她请参观的客人一一品尝，还拿来新鲜的肉豆蔻果实供人们欣赏。肉豆蔻外形像杏一样黄，切开两瓣果肉，中间夹着一颗深红色的带有网线的假种皮，里面包裹着棕色的种子，煞是好看。厂长介绍："肉豆蔻是一位医生从印度尼西亚引进来的，当初他只带来两粒肉豆蔻种子，几经发展，现在格林纳达成了世界上最大的肉豆蔻产地之一。"

* 豆蔻加工厂前欢迎者手拿豆蔻又唱又跳

* 卖豆蔻的少女

走出厂门，一群兜售纪念品的小姑娘围过来，手中拿着用肉豆蔻籽串成的项链，看上去美观大方，又自然环保。向导贝利斯说："戴上肉豆蔻项链是一种美满幸福的象征。"听这么一讲，在场的人都动心了，纷纷购买，同时和小姑娘们一起合影。这些姑娘打扮得非常漂亮，尤其是全身上下包括头顶，都有肉豆蔻的标识，简直成了"豆蔻少女"，真可谓名副其实的"豆蔻年华"！

从机场到首都圣乔治有半个多小时的车程。进入这个仅有一万多人的小城镇后，倍感纯净，幽雅。这是一个港城，依山临海，殖民建筑错落有

* 采用豆蔻三色装饰公路边的山体

* 国旗、国徽等用豆蔻形体的标识

* 首都圣乔治坐落于海湾

* 繁华的街道

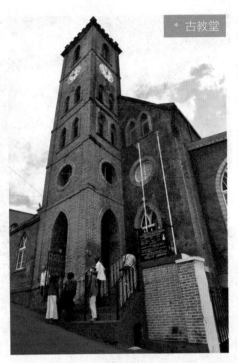

* 古教堂

致。向导兼翻译贝利斯介绍："圣乔治是为纪念英王乔治三世而起的名字，这里有许多圣乔治时代的建筑，如圣乔治堡垒、圣乔治教堂及圣乔治总督官邸等，殖民时期风格的建筑很多，是因为这个国家长时期被外来势力侵占。该岛自 1498 年被哥伦布发现后，起初由法国人统治，1783 年变为英国殖民地，直到 1974 年才脱离英国而获得独立。"

在圣乔治城，我们参观了国家博物馆、政府大厦、集市广场和主街道。圣乔治教堂是全城的地标，建于 1825 年，教堂中心纪念匾记述着叛乱中被害的总督宁尼安·霍姆爵士的生平。贝利斯向导介绍："格林纳达岛曾爆发奴隶起义，首领是一位名叫朱利昂·费东的庄园主，他带领奴隶杀死了很多英国人，包括英国总督官员，直到 1796 年英国派军队才平息这场爆乱。"

顺主街道前行，一座宏伟的体育场呈现在眼前，这是中国援建的项目。格林纳达于 1985 年同中国建交。2013 年 6 月，中国国家领导人在访问特立尼达和多巴哥期间同格林纳达总理米切尔举行了双边会晤，进一步加强两国关系。

圣乔治堡垒耸立在一座山顶上。当盘山而上登临堡顶，俯瞰整个城区，很是壮观。那马蹄形的港湾，那红瓦覆盖的房屋，那曲线式高低不平的街道，那昔日关押犯人的监狱一一展现在眼前。这座堡垒实际是为了防御外来势力而建的一个要塞，虽然已经残缺不全，但从保留的城墙、城门看，仍显示着其雄伟庄严。

从堡垒下来后开始环岛行。格林纳达是主岛，长 34 公里，宽 19 公里，

* 圣乔治城堡

* 旧飞机场中被炸毁的飞机残状

面积310平方公里，为石榴状，仰卧于向风群岛最南端。我们首先来到一处旧飞机场，只见被炸的机身躺在草丛中，锈成一堆废铁。向导贝利斯说："这是20世纪80年代的一场战争造成的。"接着她介绍了当时作战的情况。

格林纳达独立后，以埃利克·盖里为总理的政府一致奉行亲美政策，引起在野党的不满。1979年以莫里斯·毕晓普为首的在野党发生政变成立新政府，并奉行亲苏联和古巴的政策。之后，更加强硬的亲苏派相继掌权。这时，将加勒比海视为后院的美国不愿看到这一局势，于1983年10月25日出兵格林纳达，第一炮投向机场。战争只持续4天，美军即全面控制了格林纳达。这场战争是自越南战争失败以来美国最大的一次军事行动。而这场战争也使得格林纳达这个弹丸之地全世界瞩目。

环岛行的第二站来到跳崖山。跳崖山耸立在格林纳达最高峰圣卡特琳山北部的海边，向上看陡峭飞跋，向下看大浪涛涛，十分险峻。为什么叫"跳崖山"呢？贝利斯说："1650 年，来自马提克岛上的法国移民用一串珠子项链从当地土豪手中买下了格林纳达岛，引起岛上土著人的不满，于是发生骚乱和冲突。法国人对土著人展开大屠杀，逼迫最后一批加勒比海土著人于 1651 年在这座悬崖上跳海自尽，之后这座山便改称跳崖山。"

* 从城堡上俯瞰首都全貌

大唐湖是格林纳达的火山湖，它高出海平面 500 多米，周围是苍翠繁茂的热带雨林。这里花草芬芳，百鸟齐鸣，溪流遍布，瀑布迭涌，是一个令人向往的幽静之地。湖边搭建了一个木制观景台，登高望远，云水相间，林海茫茫，是一处极佳的旅游胜地。

格林纳达的山村非常之漂亮。沿途穿过很多村舍，宅院掩映在绿树丛中，色彩简洁明快。行走中还遇到一些奇人怪事。在蒂沃里村中，一个儿童用小车推着一个"假人"沿街叫喊，据悉这是在呼唤平安；在玫瑰村旁，见到小溪中的石头被染成五颜六色，据说这是当地人在过"河节"；在戈亚夫村头，村民将临街墙壁以肉豆蔻色彩为主调涂抹，表示吉祥……

*当地过河节在河中石头上涂抹颜色

*火山湖

格林纳达，不仅仅是一个香料之国、豆蔻之岛，还有着神秘的色彩，奇妙的意境，令人向往，令人回味……

温馨提示

向风群岛和背风群岛一样，坐落着一些小的国家，与中国都有外交关系，在世界上虽没有什么名气，甚至有人连名字也叫不上来，但是这里的海岛风光非常之美丽，尤其是沙滩落日和海中朝阳，令人窒息、令人动容、令人感叹！所以，来到这些岛上后，一定不要错过看日出和日落的机会。另外，这个群岛还有两处世界遗产，一处是皮通山，另一处是三峰山，都是被联合国列入的世界自然遗产。来到这些岛屿，不用考虑安全问题，不用担心吃住问题。尽管这里远离中国大陆，但华人还是不少的。很多中餐厅不仅中国人光临，也成了当地人追寻美味的场所。至于签证和到达，它和背风群岛一样，要落地签和转机到达。

第十章

特立尼达和多巴哥

加勒比最南端的国度

特立尼达和多巴哥不仅是加勒比海最南端的国家，也是小安的列斯群岛系列最南端的岛屿。这里尽管紧靠南美洲大陆，只一步之遥，却与南美洲无缘。但它同南美洲西班牙殖民国家有着相同的文化、建筑、习俗和语言，深印着西班牙的痕迹……这里有世界上最大的环形广场、世界上罕见的沥青湖、世界上有名的狂欢节、世界上钢鼓乐的发祥地、世界上美得令人窒息的日落……还有"鲁宾孙漂流的海岛"……

特立尼达岛掠影 •••

飞机徐徐降落在特立尼达和多巴哥（Trinidad and Tobago）共和国首都西班牙港（Port of Spain）国际机场。

这是一个充满现代气息的机场，航站楼拔地而起蔚为壮观。在办理入境手续时，只见墙体上的巨幅照片：国家艺术馆，非常独特、漂亮！那是由中国援建而成的。

初识印象：中国与特立尼达和多巴哥应该关系密切。

接机者是一位女士，她叫阿肯沙，是这次踏访的向导兼翻译。阿肯沙一上汽车便说："很多外国客人来到我们国家第一句话就问，为什么叫西班牙港？好像这个地方属于西班牙。第二句话问这个国家不应该是北美洲的加

* 中国援建的国家艺术馆造型奇特

勒比海地区，它应该属南美洲，因
为它几乎在南美洲的帕里亚湾内，
距离委内瑞拉仅 11 公里。第三句话
会问这个国家的名字听起来别扭，
也太长，中间还加了一个'和'字。"

"是不是感到奇怪呢？这是历
史造成的。"阿肯沙介绍。1498 年
哥伦布来到这里，宣布为西班牙所
有，从此开始了西班牙的统治，并
于 1595 年着手建城设都，为此起名
西班牙港。首都西班牙港是哥伦布
最先登陆的岛，本来这个岛叫"伊
利"岛，是当地阿拉瓦克人起的名
字，意为"蜂鸟的土地"，而哥伦布
登陆后改为"特立尼达"岛，意为
"三位一体"，是说此岛有三座山峰
是一体的。可见岛名和首都名都缘

* 殖民时期的建筑

于西班牙殖民者。为什么这个国家的名字如此之长？因为这个国家由两个
岛组成，有"双岛之国"的称谓，另一个岛为多巴哥岛。由于这里处于航
海重要位置，所以在 1626 年至 1802 年期间，英国、法国、荷兰等国之间
发生过 31 次争夺多巴哥岛的战役，直到 1889 年多巴哥岛才与特立尼达岛
合并成一个统一的英国殖民地。1976 年宣布独立，成立特立尼达和多巴哥
共和国，并同中国建交。所以国名较长，中间还加上了一个"和"字。国
名偏长并在中间加"和"字的国家在加勒比海地区很多，如圣文森特和格
林纳丁斯等国都是这样，这均源于历史使然。至于特立尼达和多巴哥归属
北美洲加勒比海地区，这也是历史的原因。特立尼达岛远古时期本是南美
洲大陆的一角，大约在一万年以前由于地壳的运动才被分离出来，成为独岛，

距南美近在咫尺。所以在感觉上更像是南美洲大陆的一部分。

特立尼达和多巴哥位于小安的列斯群岛最南端。特立尼达岛长80公里，宽61公里，面积为4827平方公里，岛的西南面被称为"蛇口"，西北侧称为"龙口"，与南美洲隔水相望，"两口"都比喻与南美洲太近了。

听完阿肯沙女士的介绍，汽车进入西班牙港城区。走在大街上，满目殖民时期的建筑，其中有西班牙风格的二层楼宇，有英国色调的古堡式塔楼，有西印度群岛时尚的俗丽房舍，还有各式各样的教堂和清真寺。在市区，我们去了弗里德里克大街、伍德福德广场、总统府、议会大厦等，之后来到世界最大的环形广场。

环形广场周长4公里，中间是草坪、赛马场、足球场、板球场，是人们休息娱乐的场所，周围是马路。据说，步行一圈需要45分钟，可谓世界最大之广场。环行广场又叫萨王纳女王公园和皇后公园，是1817年英国总督拉尔夫·伍德福德爵士由甘蔗种植农场辟建。

环形广场还是举办狂欢节的地方，特立尼达狂欢节是世界三大狂欢节之一，场面宏大，热闹非凡。特立尼达的狂欢节缘于18世纪末，由法国移

* 世界最大的环形广场边的环形道

民发起。他们为了庆祝大斋节而举办大型舞会，加上黑人舞蹈，形成大规模的疯狂表演。狂欢节在环形广场拉开帷幕后，会一直持续到高潮，还要进行游行。

沿环形广场顺时针徒步而行，右边是广阔而绿意盎然的皇后公园，左边是拔地而起的建筑群。最为吸引眼球的是广场西侧的7座殖民地时期建筑，座座豪华气派，被称为"七大豪门"。自南而北分别为皇家女王学院、法院、米勒斯弗勒斯、鲁莫、罗马天主教教皇宅邸、白厅、斯托尔迈尔城堡，其建筑形式分别为摩尔式、意大利式、新罗马式、法国式、维多利亚式、德国式等，可谓形式各异，多姿多彩，回味无穷。

* 萨王纳女王公园又称皇后公园

而现代化建筑同样在环形广场周边林立，最为扎眼的是国家艺术馆。当我们来到这里，便被这设计独特的建筑所震惊，只见半圆形的巨大主体框架像一口大碗扎在地上，别具一格，成了西班牙港的一大景观。艺术馆集影院、剧场、学院、音乐厅、表演厅于一体，建筑面积达2.5万平方米，可同时容纳1000名观众，这在整个加勒比海地区是首屈一指的。2013年6月，中国国家领导人出访期间，在卡莫纳总统和夫人陪同下曾在这里观看文艺表演。演员们用钢鼓演奏了中国歌曲《在希望的田野上》《谁不说俺家乡好》。钢鼓乐的发祥地就是该岛。

"相知者，不以万里为远"。中特两国虽然相距遥远，但两国人民有着深厚的传统友谊。

国家艺术馆由中国援建，它的对面是纪念公园及英雄纪念碑。

特立尼达岛除首都西班牙港外，还有两大看点，一处是北部的阿萨莱特自然中心，另一个地方是南部的彼奇湖。

从西班牙港启程，向着北部的阿萨莱特自然中心行进。窗外，山峦起伏，林草茂盛。汽车翻过一道道峰岭，穿过一处处雨林，涉过一条条河流，行车一个多小时来到目的地。由于树高林多枝密，没有注意到"阿萨莱特自然中心"的牌子，阿肯沙女士带我钻进一个密不透风的观鸟台，进入了一个鸟的世界。只见树上枝下、林间空中到处都是飞鸟，有白鹤、红鹰、黄雀、蜂鸟、唐纳雀、太平关、咬鹃等。当地鸟类专家介绍说："这个自然中心占

* 耸立在草坪上的英雄纪念碑

* 阿萨莱特自然中心林木茂盛

* 自然中心中美
丽漂亮的蜂鸟

地 80 公顷，全部是热带雨林，平均海拔为 365 米。

这里栖息着 170 多种鸟类，还有蛇类、蝴蝶、蚊虫等。"专家说："这个保护区的鸟类有最漂亮的，有最丑陋的；有最勤快的，有最懒惰的；有最忠诚的，还有最毒辣的等等。其中最漂亮也是人们最喜爱的是蜂鸟。"我来到另一处观景台，这里是蜂鸟的集结地，满天遍地都是蜂鸟。鸟儿们叽叽喳喳飞来飞去，煞是可爱。蜂鸟是世界上最小的鸟类之一，长着一张细长的尖嘴，羽毛有蓝色、绿色、紫色、黄色，性情温柔，身姿漂亮，有的国家将它作为国鸟。

特立尼达岛不是很大，南北长不到百公里。在阿肯沙女士带领下，由北而南行驶又去了南部的彼奇湖踏访。

彼奇湖位于帕里亚湾圣费尔南多市南部不远处。到达彼奇湖那一刻，真让人大吃一惊，湖中不是水，而是满湖天然沥青。远远望着湖面如同黑色漆盘，闪闪发光。沥青质地优良，有"乌金"之美誉！大千世界真是无奇不有，这是我第一次见到沥青出自湖中。这里是世界上最大的沥青产地，湖面达 47 公顷，深度 82 米，储量 1200 万吨。岸边工作人员介绍："沥青湖是 5000 万年前由海底生物腐烂残余物质所形成。这些残余物分解成碳氢化合物渗入岩中，随着地壳运动抬升地球表面，再受太阳热烤后，质地变稠。"

* 沥青湖一角

* 脚底下踩的是凝固了的沥青湖湖面

* 用木棍挑起的黏黏糊糊的沥青

* 土著族少女

我站在湖边，一池黝黑发亮的湖面，像一颗巨大的黑珍珠镶嵌在热带雨林中，别有一番风韵。我细细观看，湖面源源不断涌出沥青，黏黏糊糊。用棍子一挑，臭气立刻扩散开来。据介绍，这里的沥青取之不尽，最初曾用于西班牙的帆船捻缝、屋顶黏合和马路照明。巴黎、伦敦和西班牙早年的街道路面沥青都取自此地。目前，中国是最大的进口商。彼奇湖是特立尼达和多巴哥的十大景点之一，每年接待 2 万多名外国人参观，成为"加勒比海地区最丑陋的旅游胜地"！

特立尼达岛，这个称为"美洲中枢"之地，同时散发着芬芳和恶臭！

特立尼达岛，有着世界独一无二的最丑陋的景观，它却是"人生 50 个必去之地"！

鲁滨孙漂流的岛多巴哥···

湛蓝的天空，浩瀚的大海……

渡船像一叶小舟正在向多巴哥岛驶去……

"特立尼达岛与多巴哥岛仅隔32公里，每小时对开一艘摆渡船，来往十分方便。"阿肯沙女士说。

从甲板上遥望多巴哥岛，犹如一条四周镶嵌着白银的绿色翡翠横卧在大海里，银色的沙滩，绿色的丛林，在蓝天、白云、大海中更显得绚丽迷人……

阿肯沙女士介绍，1498年哥伦布看到多巴哥岛时，将其命名为贝拉福尔马岛，意为"美丽的外形"。但这个名字并没有真正启用，仍沿用了原住民印第安人起的名字，即多巴哥，为"烟草"之意。因为这个岛形状狭长像一支雪茄烟。多巴哥岛和特立尼达岛一样，是上万年之前从南美洲大陆分离出来的，长32公里，宽9公里，面积只有301平方公里。该岛自然环境十分漂亮，自古以来从没有被破坏，保持了原始状态。据悉，多巴哥是《鲁滨孙漂流记》中的小岛，岛上至今还保存着"鲁滨孙洞穴"，引无数来客去追寻鲁滨孙的踪迹。"鲁滨孙"，更增添了多巴哥岛的神奇色彩……

经过一个多小时的行程，渡船靠岸多巴哥岛。我们踏着银白色的沙滩，钻进树里林间，感觉自己变成了"鲁滨孙"，正在热带雨林中探秘，有一种

* 美丽的多巴哥岛

奇妙探险之感!

登岛后,踏访的第一站自然是"鲁滨孙洞穴"了。鲁滨孙洞穴位于多巴哥岛最西南的海岸上,距王冠角机场不是很远。当经过一个叫卡里瓦克的村落后,顺海岸线再东行半个多小时,鲁滨孙洞穴就出现在面前。这里有一户人家,专门守护着洞穴。据说,这家人每天要接待上百宾客来此参观。获得允许后,我小心翼翼地钻进洞穴。怎么这么暗呢? 一丝光线都没有,黑漆漆,潮乎乎,湿漉漉,全是乱石滩。洞穴最深处,模模糊糊有一个石台,头上蝙蝠不断起飞,散落下的鸟屎像炮弹一样落在头上,真是狼狈。实在太狭窄了! 但是从这里遥望大海,却异常壮美! 波涛、浪花弹奏出一首明亮的交响乐,很有诗情画意……

* 鲁滨孙洞

"鲁滨孙"是作品中的一个虚构人物,据说书的作者来过此地,他正是以这里为背景进行创作的。

多巴哥的首府为斯卡布罗。这个首府不是想象中的城市,而是一个地地道道的小镇。岛上一共有 4.7 万人,其中一半人在此居住。小镇是一条狭长的住宅区,延绵在丘陵之间。下城区是平民百姓的住宅,上城区坐落着几栋殖民地时期的建筑,最明显的标志是乔治王城堡,这些殖民建筑记述了多巴哥岛的历史印迹。

多巴哥风景秀丽,是个富庶之地。自哥伦布发现该岛后,一直成为欧洲一些国家的争夺目标，先后经过荷兰、西班牙、英国、法国等国的 20 多次争斗，他们都曾宣称对多巴哥拥有主权。最后于 1814 年根据《巴黎条约》划归英国。19 世纪 30 年代黑人奴隶解放之后这里的经济一直下滑，1889 年与特立尼达岛合并，后成为一个独立的国家。

乔治王城堡坐落在一座山崖上。攀山而上，首先映入眼帘的是枪炮桥，桥上的栏杆是用旧的步枪管制作而成的，望见这种黑色金属，心中有一种沉重感和压抑感，会让人想到战争的年代。爬上乔治王城堡，多门大炮出现在眼前，门门炮筒朝向大海。厚厚的城堡墙依山体而建，雄伟庄重，看

* 多巴哥街景

* 乔治王城堡

上去戒备森严。这座城堡建于1818年,旁边的一处博物馆记载了城堡建造史,同时也收集了当地印第安人的一些文物。站在城堡,举目眺望,视线之广,视觉之大,一目千里……

鸽子角沙滩是多巴哥的旅游胜地,是全岛最美的沙滩。我们经过一家豪华宾馆,穿过一片椰林,来到鸽子角沙滩。望着那伸向远方的海湾,走在柔软细腻像地毯一样的沙滩,享受着海风轻柔的吹拂。双脚迎着海浪的追逐,太美妙了!远方的鸽子岬,更把海滩点缀得亮丽无比。沙滩上,一群孩子正在嬉闹、玩耍,绘制沙画,童趣更显得海滩之灵动!这就是鸽子角沙滩,一幅美丽动人的画卷……

夕阳无限好,只是近黄昏。据阿肯沙女士介绍,黄昏时,鸽子角的落日更为壮观!鸽子角海滩已被评为"世界美得令人窒息的日落"行列,它与美国圣地亚哥拉贺亚海滩、巴西里约热内卢依巴内玛海滩、南非坎普斯湾海滩等海滩落日齐名!跻身海滩落日之最,应该是多巴哥的骄傲!踏访多巴哥的最后一站是阿盖尔瀑布。我们从首府斯卡布罗出发,顺大西洋一侧的沿海公路上行,或者说朝东北方向驶去,右边大西洋的波涛要比鸽子角所处的加勒比海大得多,海水不断掀起一丈多高的浪花,拍打着堤岸。沿

* 美丽的鸽子角沙滩

* 阿盖尔瀑布

途的房舍色彩艳丽，都是黑人后裔翻盖的。岛上90%以上都是黑人，翻译兼向导阿肯沙女士的故乡就在多巴哥。

经过一个多小时的车程，汽车停在洛克斯布勒附近古老的可可种植园里，我们沿左边的一条山路而上，去观看阿盖尔瀑布。崎岖的山路是在热带雨林中劈出来的，既窄又滑很危险，有时还要两手扶着山崖小心攀登。大约走了40分钟，一阵咆哮的轰鸣声传入耳朵，瀑布快到了。绕过一池湖水，突然，一道白色的瀑布飞流直下，跳跃着涌下山崖，打破了大自然的沉寂。这里聚集了许多的宾客，他们穿着泳装在瀑布下"天然浴"，还有的情侣躲在溪流的夹缝中。阿盖尔瀑布高54米，为三层叠式瀑布。瀑布虽不是很高，但很秀气、清雅，将大自然装饰成一幅清新幽静的风景画……

离开多巴哥，要返程了。

茫茫大海，已近黄昏。一轮落日在天际海水边燃烧……

站在甲板上回头眺望这个小小的岛屿，美丽的风景早已载入记忆……

多巴哥，落日风光列入世界之最，太美妙了！

多巴哥，鲁滨孙漂流过的海岛，太神秘了！

温馨提示

特立尼达和多巴哥与中国建有牢固的友好关系，中国国家领导人对这个国家的出访，更加增进了友谊，所以这个国家非常欢迎中国人的到来。中国公民持外交、公务护照可免签进入，持其他种类护照须事先办好入境签证。进入这个国家没有直达航线，需要转机。特立尼达和多巴哥对于中国人来说，虽说不是常规的旅游线路，但很多旅行社在做这个行程。再者自由行、自助行也很方便。当到达这个国家后，可以从此北上，去向风群岛、背风群岛诸岛国。这里可作为一个跳板，去加勒比海地区，也可以从这里到南美洲诸国。

第十一章

荷属 ABC 群岛

异彩纷呈的荷兰遗迹

　　荷属 ABC 群岛处在加勒比海南部，紧靠南美洲大陆的委内瑞拉，分别是阿鲁巴、库拉索和博奈尔三个岛屿，人们习惯称之为"荷属 ABC 群岛"。库拉索岛是三岛中最具吸引力的岛屿，其中古城威廉斯塔德被列入世界文化遗产，那多姿多彩的殖民建筑，那形态各异的历史遗迹，那古香古色的院墙街道，将您带进一个五彩缤纷的世界……

五彩之岛库拉索（荷）•••

在加勒比海的南部，距南美洲大陆仅有数十公里的海域，一字排开3个小岛，称之为荷属ABC群岛，依次为阿鲁巴岛、库拉索岛和博奈尔岛，其中库拉索岛（Curacao）首府威廉斯塔德（Willemstad）古城于1997年被联合国列为世界文化遗产，独特的历史遗迹成为人们追寻的目的地。库拉索岛原为荷属安的列斯群岛的一部分，2010年改制为荷兰王国的自治国。

库拉索岛是ABC岛中最大的一个岛屿，长58公里，宽12公里，面积444平方公里，人口17万，是一个中间细、两头粗，像哑铃一样的小岛，距南美洲的委内瑞拉仅56公里。

漫步在库拉索岛，只见遍地的仙人掌，满野的刺灌木，以及沟壑里的

* 库拉索岛上的五彩建筑（任铁良 摄）

奇花异草，将这个海岛点缀得春花烂漫，万紫千红，煞是好看。除美景外，原野中种植园内还保留着不少西非风格地屋，这是过去奴隶们住的地方，现已成了历史遗迹。

库拉索有 5000 华人，他们称此岛为"左拉索"。这个小岛最早的居民是印第安阿拉瓦克族人。1499 年西班牙探险家阿隆索·德·奥赫达在此登陆，发现了这个岛屿后，便驱赶这里的人到别的岛为其开挖金矿。1634 年荷兰人发现库拉索圣安娜湾是天然良港，便将西班牙人驱逐并在此建港设城，修筑堡垒，自此威廉斯塔德城和港口慢慢起步。当时所建的港口，为加勒比海地区第一、世界第七大港。

走在拥有 14 万人口的威廉斯塔德城区，好似进入一个童话境地，目光所及中的建筑有红色的、绿色的、黄色的、紫色的、蓝色的，异彩缤纷，多姿多彩，简直成了一个花花绿绿的世界，让人新奇和惊叹！难怪人们将这里誉为"五彩之岛"。然而，何止是五彩呢？我细细打量了一下，至少 10 种颜色吧。

威廉斯塔德的建筑是殖民时期的产物，除荷兰、西班牙外，英国和法国人先后占领该岛，后又转到荷兰人手中，所以荷兰的建筑最多，它们色彩不一，外墙有粉红、淡草绿、橘黄、白色等。城区大批具有历史性的建筑成为列入世界文化遗产名录的主要依据。始建于 1888 年的埃玛女王桥应该是城区的地标，它是连接蓬达和奥特罗班达两个区域的纽带。1769 年修建的阿姆斯特丹堡是古城的重要标志，里面有教堂、总督府、警察局。城

区还有一个被称为"阿西恩托"（Asiento）的地方，是过去贩卖奴隶的场所。殖民者从非洲贩来的奴隶在此出卖，再转到加勒比海其他岛屿，现在这里也成了历

* 库拉索岛著名的埃玛女王桥

史遗迹。

在库拉索岛，我还踏访了库拉索博物馆、密克维以色列教堂、犹太博物馆、克里斯菲尔国家公园、流动市场、布里文格特种植园宅舍等。

阿鲁巴岛是 ABC 群岛之中最小的一个海岛，处在库拉索岛的西边，长 31 公里，宽 9 公里，面积 180 平方公里，人口 9 万，距委内瑞拉仅 25 公里。这里的地表要比库拉索岛荒凉，有无数闪长岩巨砾垒叠起来，千奇百怪。此岛还有沙漠、荒滩及仙人掌林，缺少绿意。但首府奥拉涅斯塔德非常漂亮，这里同样有荷兰殖民时期的建筑，同样色彩艳丽。小岛中有祖特曼堡、钱币博物馆、蝴蝶园、天生桥、土著人岩洞、棕榈海滨浴场，很有吸引力。

ABC 群岛中的博奈尔岛位于库拉索岛的东部，长 35 公里，宽 10 公里，

* 阿鲁巴岛五彩房

* 阿鲁巴岛上的加利福尼亚灯塔

* 博奈尔岛彩建一条街

面积 288 平方公里，首府为克拉伦代克。因为岛上有很多色彩斑斓的红鹤鸟，被誉为"红鹤岛"，为此引来大批游客前来赏鸟。

荷属 ABC 群岛，像三块珍珠镶嵌在加勒比海南部海域中。

夜幕降临，灯火通明，ABC 三岛沉浸在星光中。此时，鼓乐四起，海螺吹响；轻歌曼舞，阵阵欢唱，传向南美大地，荡漾在加勒比海……

温馨提示

荷属 ABC 群岛又称荷属安的列斯群岛，可从南美洲前往，中国没有直达的航班。到达这里一定要去世界文化遗产威廉斯塔德古城，那是一座 300 多年前的旧城，非常值得一看。这里的岛上建筑色彩斑斓，绚丽多彩，是加勒比海中最具魅力的岛屿之一。这里的华人很多，不必担心安全问题，治安相当好。这里的中餐厅也很多，还有华人开办的商铺、商店。如若想了解华人的足迹，可以畅开口舌与之交流，一定会收到满意的答复。这里的商品五花八门，有的来自欧洲，有的来自南美洲，还有加勒比海当地的土特产品，非常丰富，任你挑选。值得提示的还有，在荷属 ABC 群岛的北部，还有一个荷属圣马丁岛，那里的风光也非常美丽，是休闲度假的好地方。

后记

倘若说"五岳归来不看山",那么"加勒比归来不看岛"。加勒比海岛太美丽、太神秘、太奇妙了!那湛蓝清澈的海水,那翠绿高大的椰树,那白色细润的沙滩,让您如梦似幻、如痴如醉,片刻会倾倒在仙境般的海岛中,心旷神怡……

从加勒比海归来,意境久久未消,余音时时绕梁,思绪迟迟不断,心房刻刻想念,真的是深情神往,魂牵梦绕……

初识加勒比,是从《加勒比海盗》电影开始的。影片的取景地自然是加勒比海岛,镜头刚拉开我就被那迷人的海岛风光所吸引、所迷恋、所动心!何况那丛林中的场景,沙滩上的人影,椰树下的风光,一下子让我深浸在神秘的海岛中,再加上激动人心的情节,让我对加勒比海海岛的认识入木三分。有朝一日,一定要亲临加勒比,亲吻加勒比,拥抱加勒比……

世上无难事,只要肯登攀。这一天终于实现了!真真切切实现了!加勒比海所属的古巴、牙买加、巴哈马、海地等13个海岛国家我全部走完了,一个不差。同时,我也全部走完了加勒比海英国、法国、美国和荷兰的10多个属地岛屿。全部走完加勒比海的海岛国家及地区实属不易!途中虽美却也偶有险情。

温故而知新。回想起一个多月的探访,太有意义了,也太值得了。当我站在海岛上的甘蔗田中思索:倘若哥伦布没有发现这些海岛呢?倘若不从非洲贩卖黑奴呢？倘若不对印第安人大肆杀戮呢……一连串的沉思在脑海中翻卷……

当然，这是历史了。从另一方面看，殖民者传播了西方的观念，留下大量的殖民时期遗迹，促进了加勒比的发展和进步。而黑人的到来，创造了财富和价值，使得加勒比日新月异。

到加勒比看什么？首先看大自然恩赐的奇异的、漂亮的海岛风光，再就是看印第安人、殖民者、海盗留下的历史遗迹，另外品味这里独特的土著文化，诸如音乐、舞蹈、美食等，定会让您大开眼界，心驰神往，流连忘返……

目前，加勒比海地区已完全对外开放，而且大部分国家对我国实行免签，背起行装即可前往。乘飞机，坐邮轮，您可以和我一样走遍加勒比海所有岛国和地区。我之所以能够顺序完成这次探访任务，首先感谢尊礼假期为我定制了全部行程路线。当然，您不一定走完所有岛屿，也可以选择几个有代表性的岛屿前往。但岛屿与岛屿是绝对不一样的，它们之间有很大差异，但历史遗迹和文化是有共同点的。我所出版的《去加勒比海》这本书籍为您提供了选择的机会。

《去加勒比海》一书，是继我的《乡路》、《乡情》、《乡曲》、《春韵》、《千山万水》、《西藏穿行》、《穿越大西北》、《行走南极》、《去南美》等作品之后出版的第11部书。全书共11章34篇、20万字，插进了我现场拍摄的400多张照片，在这里感谢任铁良、张中协提供部分照片。全书运用了递进的手法、散文的笔调、诗的语言，向您展示出加勒比海诸岛一幅幅美丽的画卷，让您进入如花似玉的海岛世界，去捕捉那里异彩纷呈的海岛风情，去探索神秘莫测的水下世界……

我之所以成书《去加勒比海》，意在为读者提供一个了解、认识加勒比海的平台。目前，新华书店出售有关加勒比海的书籍还不多见，这方面的资料还很少。通过我到加勒比海的所见、所闻、所感，给您一个真实的加勒比海，一个现实的加勒比海，这是作为一名记者和作家的责任。现将本书奉献给全国的广大读者，让您足不出户，尽情品读！

等闲识得东风面，万紫千红总是春。加勒比海一年四季春花如海，姹紫嫣红。也希望亲爱的读者们迈开双脚快快行动吧！那里的花海、丛林，沙滩、椰树、蓝天、大海，在期待着您的脚步！

作者：王喜民

2016 年 6 月 1 日